联想有一种称为复盘的学习方式：做一件事情，失败或成功，重新演练一遍。大到战略，小到具体问题，原来目标是什么，当时怎么做，边界条件是什么，回过头做完了看，做的正确不正确，边界条件是否有变化，要重新演练一遍。我觉得这是提高自己非常重要的一种方式。

——柳传志

柳传志向每个人推荐的做事方法
助你把事情琢磨透、做成功

复盘 FuPan

对过去的事情做思维演练

陈中◎著

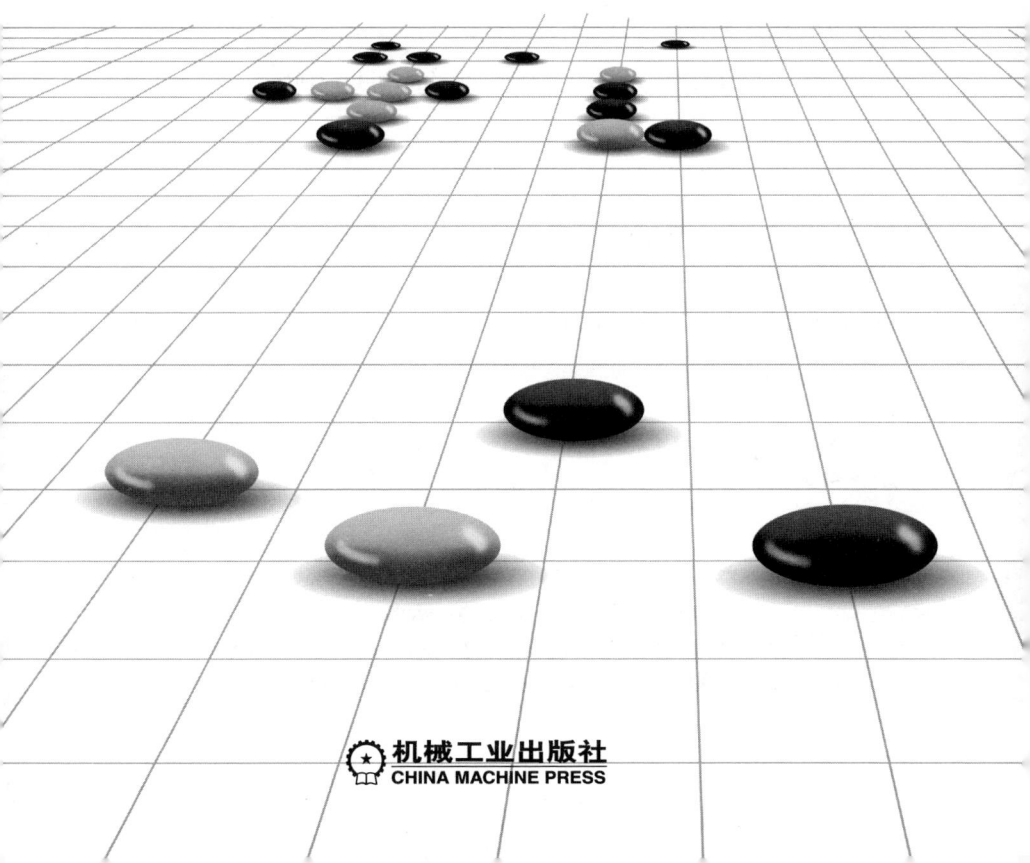

机械工业出版社
CHINA MACHINE PRESS

复盘是围棋中的一种学习方法，是指在下完一盘棋之后，要重新摆一遍，看看哪里下得好，哪里下得不好，对下得好和不好的，都要进行分析和推演。

柳传志第一个将复盘引入到做事之中。复盘成为联想三大方法论之一，在联想每一个重大决策的背后，都有复盘的影子。

《复盘：对过去的事情做思维演练》完整系统讲述了复盘的内容，明确了复盘的价值，给出了复盘的操作步骤，读者可以在自己的工作生活中，应用复盘的方法，随时随地提高自己，把事情琢磨透、做成功。

图书在版编目（CIP）数据

复盘：对过去的事情做思维演练 / 陈中著. —北京：机械工业出版社，2013.8
(2025.8 重印)
ISBN 978-7-111-43460-3

Ⅰ. ①复… Ⅱ. ①陈… Ⅲ. ①成功心理－通俗读物 Ⅳ. ①B848.4-49

中国版本图书馆 CIP 数据核字（2013）第 168576 号

机械工业出版社（北京市百万庄大街22号　邮政编码　100037）
策划编辑：徐永杰　　责任编辑：徐永杰　杨勋
责任印制：单爱军

保定市中画美凯印刷有限公司印刷

2025 年 8 月第 1 版 · 第 48 次印刷
148mm×210mm · 6.625 印张 · 1 插页 · 138 千字
标准书号：ISBN 978-7-111-43460-3
定价：49.00 元

电话服务　　　　　　网络服务
客服电话：010-88361066　机 工 官 网：www.cmpbook.com
　　　　　010-88379833　机 工 官 博：weibo.com/cmp1952
　　　　　010-68326294　金 书 网：www.golden-book.com
封底无防伪标均为盗版　机工教育服务网：www.cmpedu.com

本书复盘的案例

企业案例

联想成为中国第一的过程复盘
联想超越戴尔的思维复盘
联想卖出与回购联想手机事件复盘
冯仑的万通反省日
任正非华为接受 IBM 设计系统的思维复盘
周鸿祎 3721 复盘
李东生 TCL 并购汤姆逊复盘
郭广昌复星多元化复盘
格兰仕购买生产线而不是引进生产线思维复盘
柯达失意数码时代的复盘
微软与苹果音乐产品结局的复盘
丰田 5why 方法
网络培训产品的销售复盘
竞标的复盘
断货会议的复盘
美国陆军"指挥官意图"概念复盘
《关于建国以来党的若干历史问题的决议》产生过程的复盘

个人案例

曾国藩二次领兵的思维复盘
做学校食堂档口生意的复盘
个人与上级关系的复盘
搞定老板秘书的过程复盘
晕倒事件的复盘
罗伯特·西奥迪尼"互惠"原理的复盘
罗伯特·西奥迪尼"承诺和一致"原理的复盘
图书策划复盘
买机票的复盘
斯金纳的鸽子事件复盘

柳传志向每个人推荐的做事方法
助你把事情琢磨透、做成功

复盘的内容

- 超额完成目标
- 完成目标
- 未完成目标
- 消失的目标
- 新增的目标

→ 目标是什么
→ 结果如何
⇒ 现在情况如何

- 有没有听取他人的意见
- 他人有没有充分自由表达

→ 如何确定（确定的形式）

- 论据是对的吗？
- 现在情况有变化吗？

→ 根据什么确定的（确定的逻辑）
⇒ 当初是怎么决定的

- 什么做了？什么没做？
- 什么继续？什么停止？
- 什么新增？

→ 执行得如何

- 关键成功要素
- 失败的根本原因
- 发心是对的吗

⇒ 让我们再审视下思考的前提

柳传志向每个人推荐的做事方法
助你把事情琢磨透、做成功

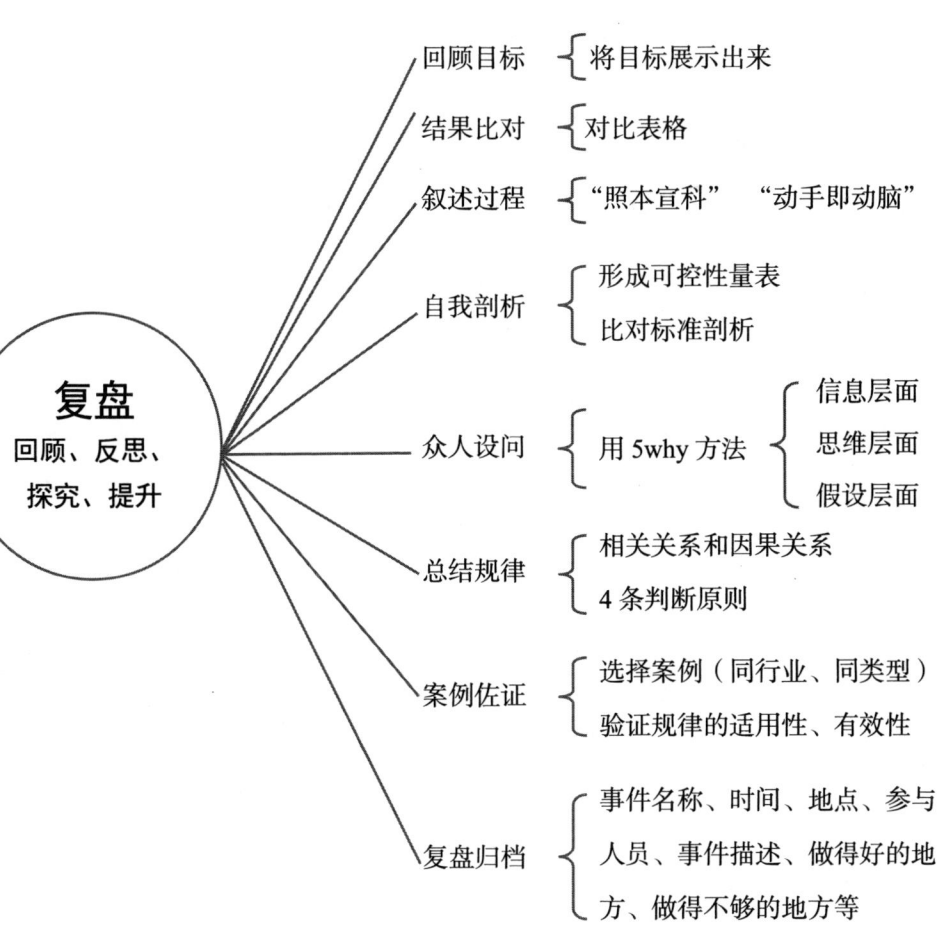

孙陶然序

我有所成就的话，
一半源于天资，一半即源于复盘

  复盘，是柳传志先生首先在企业管理领域提出的一个概念，二十余年前我读到柳总对此的阐述，不禁心神往之推崇备至，从此开始在自己的工作和生活之中深入应用，可以不夸张地说，我是柳总复盘理念的身体力行者和大受益者，**如果说今天我有所成就的话，一半源于天资，一半即源于复盘。**

  在我看来，没有人生来就掌握了他生活和工作中所需的全部技能，纵然天资聪慧也只是一棵慧根而已，要掌握工作和生活中所需的技能并成为成功者，只能依靠学习。

  人学习有三种途径，一种是自书本上学前人的知识，一种是自身边的人身上学其先进，一种是向自己过去的经验和教训学习。

  其中最重要的学习途径是向自己学习，尤其是对于成大事者，你的所作所为越是开天辟地的创新越无人可以学习，只能向自己学习。

  向自己学习的最佳方法就是复盘。我在自己的学习和工作中，把复盘总结了四个步骤，即目标-结果、情景再现、得失分析和规律总结。首先,对照期初的目标看结果有没有达到,差距在哪里。其次,不管有没有达到,把要复盘的项目进行回顾和阶段划分。再次,针对每个阶段总结得失,对事也对人,找出问题找出原因。最后,从中总结出规律性的东西,作为知识和技能掌握下来,以期再次遇到同类问题时知道如何处理并不再犯同类错误。

由此可见,复盘是一种非常好的学习方式,如果我们善用复盘,我们就会不断成长,不断自我进化,越来越强大。

复盘有小复盘有大复盘,小到每天睡觉前对自己当天经历的事情做个快速复盘,总结一下得失,大到一个公司的战略执行的复盘。不管大小,如果我们能够把自己的每一个经历都变成精神财富,我们的精神就会越来越厚实,我们的实力就会越来越强大。

我近年有幸经常和柳总接触,多次亲身感受柳总的复盘工作习惯,让我受益匪浅。在此,借本书出版之际,我也祝愿读者都能够学会复盘,养成复盘习惯,做一个能够自我进化的人,成为自己生活的赢家。

孙陶然

《创业 36 条军规》作者

拉卡拉支付有限公司创始人

北大企业家俱乐部执行理事

创始人俱乐部第一任联席主席

创业板董事长俱乐部现任联席主席

自序

亲爱的,请精通复盘

少华新近在一个学校食堂盘下了一个档口(摊位),供应热菜套餐。两个月经营下来,生意一直不见起色。因为自己的辛苦没有得到所期望的回报,辛苦就显得尤其辛苦。

做餐饮,最重要的是要有回头客,回头客多了,就相当于稳定的销售额多了。按理说,学校的客源是最固定的,除了节假日,学生99%必然在食堂吃饭。少华之所以选择学校食堂的档口而不是社会的店面,很大程度上就是因为这一点。固定的客源有了,但生意却并不好,这只能说明一个问题:自己没有做好。

少华的朋友亚杰是做咨询的,一个周末,少华请亚杰到档口观察两天。希望亚杰能用咨询师的眼光,帮助自己发现问题,进而找出解决问题的办法,把销售搞上去。

两天观察下来,亚杰确实发现了不少问题。

亚杰:看了两天,我发现,你每天只做中午和晚上两顿正餐。而正餐的菜都是三荤三素,品种也没有什么改变。既然卖得不好,为什么不改变菜品呢?

少华:这几个菜是开始做的时候就确定了的,所以就一直这样做着。

亚杰：难道你做菜不是为了卖，而是为了符合开始时候的设计？你刚开始确定的菜品，跟你当时对市场的预期和想象有关系。现在做了两个月了，市场你也有了一定的认识了，它跟你开始时候的预期和想象一致吗？

少华：很不一致。

亚杰：我想也是这样，要不销售就不会上不去了。既然不一致，为什么还要坚持做一开始确定的菜品呢，难道仅仅因为它们是一开始确定的，你对这几道菜就有了感情？

少华：扯淡的感情。

亚杰：那就应该根据你对市场的理解，调整菜品。

少华：是的。

亚杰：你卖的是套餐，两荤一素10块钱。我注意到，有一道盐煎肉卖得不错，每次基本都卖完了。为什么盐煎肉不单独多做一点？

少华：一道菜多做一些？我从来没想过这个呢。为什么各个菜做的量一样，可能是看起来比较协调，可能是其他人都是这么做的。一个菜单独多做一些，我从来没意识过这个。

亚杰：可它不是卖完了吗？！其他菜还有余而它卖完了，说明大家喜欢吃，不够卖。不够卖的为什么不多做一些？像现在这样，因为它卖完了，其他的菜就不好搭配了，很多人也就不在你这购买了，损失了生意啊。

少华：有道理。我明天就试试。

自序

亚杰：我发现，不仅仅是你这一家，其他档口也一样，当天没卖完的菜，如果剩下比较多，都会打包放在冰柜里，第二天再卖。为什么这样做呢？

少华：当然是为了节省成本啊。难道都倒掉？那多浪费。

亚杰：把剩菜放冰柜里留到第二天卖，虽然不会太影响质量，但这么做真的节省成本吗？

少华：这不是显而易见的吗？！这还用问？！

亚杰：可是你想一想，一道菜之所以剩下的多，说明它不受欢迎。既然不受欢迎，为什么第二天还要继续卖？这是第一。第二，剩菜毕竟跟新鲜菜不一样，即使你与第二天新炒的拌在一起，那也影响卖相，也影响口感。第三，最重要的是，将剩菜打包留下来这个简单的动作，会将你锁死在这道菜上。因为剩了些，为了凑足跟其他菜同比例的量，你必定还要新炒一些。于是，前一天卖不好的菜，你第二天还得提供，难道第二天它就能卖好吗？除非大家的口味都变了，你觉得这有可能吗？

少华：这当然不可能。不过我真没有想到，本来是为了节省成本，没想到却将自己锁死在一道菜上。卖不出去的菜，不管多节约，留下来都是浪费。

亚杰：我的意见很简单。你每天观察，看看自己哪些菜好卖，哪些菜不好卖。好卖的，第二天继续，要不要增加分量看情况。不好卖的，倒掉，第二天换新品种。这样实验下来，大约不出一个月，应该能够摸索出受市场欢迎的三荤三素六道菜了。它们就是你应该做的品种。当然，除了观察自己，你还应该观察下食堂其他的档口，看他们什么菜好卖，然后学习借鉴。

少华：谢谢。

其实，少华就是你我，常常莫名其妙地被一些清规戒律所限制，存在着思维的盲区，很容易就被自己和过去锁死。经历的往事，养成的习惯，接受的教育，所属的文化，等等，都可以让我们陷在其中而不自知，无法自拔。如果有亚杰这样的朋友，就可以给我们提供旁观者视角，帮助我们看到问题的另一面。但是如果没有亚杰这样的朋友在旁边观察指导，难道就只能重复自己的老路，"唱着过去的歌谣"么？

当然不是，柳传志先生引入联想并大力推行的复盘方法，就可以让我们避开自己思维盲区的限制，不但不会被自己和过去锁死，还能够向自己和过去学习，把事情琢磨透。

复盘，本身是一个围棋中的术语，是指棋手在下完一盘棋后，要在棋盘上重新摆一遍，看看哪里下得好，哪里下得不好。下得好的要继承，下得不好的，要在重新摆的过程中探究怎么样落子才更好。复盘，是棋手们增长棋力的最重要方法。

柳传志先生第一个将复盘概念引入到做事中，是指要在头脑中对做过的事情重新过一遍。看看哪里做得对，哪里做错了。做对了的地方是因为自己的能力，还是偶然碰巧。做错了的地方，如何才能改正，等等。

一般来说，复盘包括四个阶段：回顾、反思、探究、提升，

自序

即回顾目标和过程、反思原因、探究规律、提升能力。前三个阶段是复盘的过程,后一个阶段是复盘的结果。

其实,亚杰在对少华的咨询中,也在使用复盘这一方法。

回顾目标和过程:做好生意赚大钱。这个动作少华也做了,正是因为没有达到自己的预期目标,才会把亚杰请过来做诊断。

反思原因:菜品还停留在一开始的设计上,没有根据市场的情况进行改变。卖得好的菜品没有多做以增加销售额,同时卖得不好的菜品,还一天天地被重复。

探究规律:只有做受市场欢迎的菜品才能生意好。而是否受市场欢迎,每天市场都会告诉少华。少华要做的,就是不断地保留受欢迎的,淘汰不受欢迎的,提供新的菜品接受市场检验,而不是被眼前的"浪费"锁死。

提升能力:如果按照亚杰给出的方法,观察自己和食堂其他档口,少华必然会越来越了解学生的口味,也就是说,他把握市场的能力会越来越强。结果自然是生意越来越好。

而如果少华掌握了复盘方法,他就并不需要亚杰的旁观者视角,自己就能够按照复盘的步骤,回顾、反思、探究,一步步进行自我审查,发现问题,找出方法,解决问题。北京科技大学的博导赵晓老师说,复盘是一种非常有效的学中干、干中学的方法。复盘之后,将得到的方法以及经验投入到随后的事情中,然后在随后的事情中继续复盘,这样就形成一个复盘—提高—复盘—

提高的正向循环，推动我们的能力不停地提升。

依靠复盘的强大威力，联想安全地度过了发展过程中的各种问题，比如应对国际巨头的挑战、收购 IBM 个人电脑事业部、国际化等。复盘被确定为联想三大方法论之一，而且被认为是最重要的方法论。

亲爱的，请精通复盘！

目录

本书复盘的案例

孙陶然序

自序

引言　善复盘者赢　　　1

　　柳传志、任正非、李东生、冯仑、孙陶然、周鸿祎等牛人们都在使用复盘,不管是大事还是小事,不管是现代还是古代,不管是中国人还是外国人,要取得成功,要赢,必须善于复盘。

　　要提升,多复盘;要成功,精复盘。

第1章　什么是复盘　　　13

　　关于复盘,回顾、反思、探究、提升,一个都不能少。

　　复盘的关键是推演,通过推演这个动作,复盘就不仅仅是对过去的复制呈现,而是可以对各种可能性进行探讨。正是因为推演这个动作,将复盘与总结从本质上区别开来。

　　事前有沙盘,事后有复盘。

第2章　为什么复盘　　　23

　　复盘可以帮助我们避免犯同样的错误,固化流程、校验方向,认清问题背后的问题,发现和产生新的想法与知识。除了提升能力之外，它还对提升个人品性和组织性格有巨大作用。

三思而后行，一个习惯复盘的人和企业，品性会更加低调和踏实，避免浮躁和冒进带来的危害。

第3章　复盘的三种类型　　53

复盘有三种类型：自我复盘、团队复盘和复盘他人。

自我复盘可以随时进行，是个人获得成长的方便手段。团队复盘可以让复盘主导人和成员获得成长。复盘他人，则能够利用他人的事件让我们不花成本就获得成长。复盘他人的一种重要类型是复盘标杆。

第4章　复盘中的三种角色　　78

为了保证复盘的顺利进行，有三种职能必须由人来承担：一种职能是引导，保证复盘按照正确的流程进行；一种职能是设问，通过不停地追问来引发思考，进而得出结论；一种职能是叙述，对事情的发展过程进行情境重现，对别人提出的问题进行回答，在解答疑问的过程中去除迷思，接近规律。

于是，在复盘中，就出现了三种角色：引导人、设问人和叙述人。

第5章　复盘的两种方法　　108

有两种不同的复盘方法可以帮助我们：情境重现法和关键点法。

当我们刚开始复盘的时候，最好用情境重现法。当我们越来越熟悉复盘之后，关键点法就会成为最常用的方法，而情境重现法则成为补充。

目录

第 6 章　复盘的内容　　129

　　复盘的时候，需要谈论的内容，可以通过三个问题来清晰：① 现在情况如何；② 当初是怎么决定的；③ 让我们再审视下思考的前提。

　　这三个问题，可以帮助你清楚地认识事情的方方面面。

第 7 章　复盘的步骤　　145

　　联想集团根据自己多年复盘的实践，总结了复盘的步骤，包括 4 步，分别是：回顾目标；评估结果；分析原因；总结规律。

　　在联想复盘步骤的基础上，为了更加具有参照性，我们可以将复盘分为 8 个步骤：① 回顾目标；② 结果比对；③ 叙述过程；④ 自我剖析；⑤ 众人设问；⑥ 总结规律；⑦ 案例佐证；⑧ 复盘归档。

第 8 章　如何评判复盘结论是否到位　　166

　　复盘得出的结论是否可靠，必须在复盘的当时作出判断，一般来说可以通过 4 条原则来评判：① 复盘结论的落脚点是否在偶发性的因素上；② 复盘结论是指向人还是指向事；③ 复盘结论的得出，是否有过 3 次以上的连续的 why 或者 why not 的追问；④ 是否是经过交叉验证得出的结论。

第 9 章　柳传志环：做事的 PDF 方法　　176

　　做事的"沙盘推演——执行——复盘"的流程称为柳传志环。

　　柳传志环可以简称为 PDF 环。P 代表 Preview，指沙盘。D 代表 Do，指做的过程。F 代表 FuPan，指复盘。

附录　联想复盘方法论　　182

参考文献　　188

XVII

引 言

善复盘者赢

柳传志、任正非、李东生、冯仑、孙陶然、周鸿祎等牛人们都在使用复盘,不管是大事还是小事,不管是现代还是古代,不管是中国人还是外国人,要取得成功,要赢,必须善于复盘。

要提升,多复盘;要成功,精复盘。

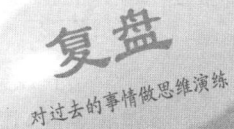
复盘
对过去的事情做思维演练

联想有个复盘术

2011年9月27日,在北京联想之星创业大讲堂暨创业联盟成立大会上,柳传志在谈到成功创业者应该具备的素质时说,学习能力很重要,要学会学习,这种学习不仅仅是通过书本学习,而是要懂得复盘,要随时复盘,不断总结提高。

这并不是柳传志第一次谈到复盘,甚至也不是第二次、第三次谈复盘,而是柳传志一直以来无数次谈到复盘的一次,"复盘"成为柳传志近年来提到最多的关键词。

在获得由法国里昂商学院和毕马威会计师事务所联合举办的"世界企业家论坛"的2010年度世界企业家奖后,在接受新华社记者的采访中,**柳传志说:"复盘至关重要,通过复盘总结经验教训,尤其是失败的事情,要认真,不给自己留任何情面地把这个事想清楚,把事情想明白,然后就可以谋定而后动了。"**

在阿里巴巴的网商大会上,柳传志在发言的时候,强调要对自己无情复盘,这样才能够知道哪里做得对,哪里是运气,哪里是才能。

在接受优米网王利芬关于联想并购回顾的采访时,柳传志说,现在联想欧洲高管没有一个中国人,但是,他们的思维全是联想的,他们也会说着"FuPan"(复盘)。

其实,自从2009年之后,柳传志在接受新浪、《创业邦》《成都商报》《新智囊》等媒体采访的时候,基本上每一次都会谈到复盘。

柳传志不但口头上说复盘,2011年还在联想旗下所有公司推行复盘：形成专门的培训资料，要求抽出专门的时间，进行复盘培训，学习复盘方法。

柳传志为什么这么重视复盘呢？

复盘对联想的价值，可以说体现在联想的每一次重大事件中。

2003年前后，戴尔在中国表现凶猛，不但市场份额的增长率比联想高，而且在商业客户方面的市场份额也比联想高。当时市场认为，戴尔的直销模式，是代表着先进的销售方式，联想在这次竞争中，恐怕要败下阵来。再加上柳传志此前在员工大会上曾经说过，要让戴尔认识认识谁是联想，谁是杨元庆。而竞争下来的结果，自然有点苦涩。不过，联想并没有因此败落，通过复盘，联想认识到了问题的实质不在于直销还是分销体系的问题，真正的竞争在于谁的流程更卓越，谁更有效率，谁能把握更多的客户群。在此基础上，联想调整了竞争方式，并在2004年一战翻身，戴尔从此再不能对联想构成威胁。

2009年，联想用2亿美元的价格买回了此前卖掉的手机业务，一时引起了很多人的争论。卖掉手机业务，是对2005年"多元化、国际化"战略复盘后的行动结果，而买回手机业务，也是经过对苹果等企业行为的复盘，以及对行业的复盘，得出的结论。

其实，联想的每一个重大行为，基本上都可以看到复盘的影子。复盘在联想的发展过程中发挥了重要的作用。联想的战略调整，比如收购IBM的PC部门，比如投资领域的扩展，比如新公司的成立，可以说，联想任何一次大的成功，都离不开复盘的作用。

复盘，已经被联想总结提炼为联想方法论。联想方法论共有三个特点：一是有极强的目的性，二是分阶段实施，三是在复盘中成长。在复盘中成长，也被认为是联想最重要的方法论。

2001 年，柳传志将复盘引入联想工作之中，对于一些重大的事情，都要进行复盘，以便发现问题、找出方法，为后来的工作提供指导。但是，在此之前，联想一直是按照复盘的方法在做事，只是没有叫作"复盘"而已。○

在联想，复盘有一套规范的流程。首先，在整个公司中成立了一个复盘的项目小组，根据公司里的项目前后梳理；复盘一开始，就有详细的文档，小组会根据所有项目的历史情况、现在的结果以及小组对事情的反思和总结，写出复盘报告。在 10 年时间里，联想已经总结出复盘文档达 240 多个。○

复盘，帮助联想战胜了一个个对手，在联想成为中国第一、收购 IBM PC、成为全球第一大电脑生产商的过程中，发挥着重要作用。

其实，复盘不仅仅是在联想被使用。冯仑在万通有个反省日，这被视为万通生存密码。李东生在反思并购汤姆逊的问题之后，写出了广为传播的《鹰的重生》。周鸿祎在复盘 3721 的错误之后，通过免费杀毒重新挺立潮头。孙陶然认为自己的《创业 36 条军规》以及管理思考，多借助复盘获得。还有更多的人，他们在使用复盘这种方法，虽然并没有使用"复盘"这个词语。

复盘不仅仅是对企业强化组织能力、提升业绩有用，对于个

○ 翟文婷. 柳传志：我们需要哪种创业企业家[J]. 创业邦，2011 年 6 月 7 日专访.
○ 李舒芳. 联想有个"复盘"术[J]. 新智囊，2011(1).

人来说,复盘也是一种非常有用的方法。

为什么是曾国藩

曾国藩是中国儒家文化培养出来的标志性人物,被认为达到了"内圣外王"的儒家最高标准,是儒家的最后一个"圣人"。曾有一副对联这样评价他:立德立言立功三不朽,为师为将为相一完人。他的修为(内圣),他的事功(外王),得到了蒋介石和毛泽东这两个对立阵容领导的一致高度好评。蒋介石说:"曾公乃国人精神典范。"毛泽东更进一步:"予于近人,独服曾文正。"

为什么是曾国藩呢?

论聪明才智,当时与曾国藩差不多的湖南人有很多,胡林翼、江忠源、左宗棠等。论机会,他也只是当时的帮办团练大臣之一。论带兵打仗,好像只要是他亲自指挥的,都以失败告终。看起来,曾国藩没有任何高人一等的地方,但是,就是这样一个天资中庸、不显山不露水的曾国藩,最终成为清中兴第一人。

为什么呢?

除了他强大的意志力和识人用人的能力外,一个重要的原因就是曾国藩强大的事后复盘的习惯和能力。

咸丰七年(公元 1857 年),曾国藩父亲去世,其时曾国藩正与江西官场交恶,遂趁机发丁忧折,请假守制,不待皇帝批准,即离营回家,引起舆论一片哗然。

然而,摆脱了战场烦忧的曾国藩,在家的日子并不好过。

> 复盘：对过去的事情做思维演练

这一年多来，他曾无数次痛苦地回想过去三五年间的往事。他始终不能明白，为什么自己一身正气、两袖清风，却不能见容于湘赣官场？为什么对皇上忠心耿耿，却招来元老重臣的嫉恨，甚至连皇上本人也不能完全放心？为什么处处遵循国法、事事秉公办理，实际上却常常行不通？他心里充满着委屈，心情郁结不解，日积月累，终于酿成大病。㊀

不过，也正是这一年在家的日子，曾国藩复盘了自己过去几年的问题所在，找到了事情的原因和解决的办法。

曾国藩想起在长沙与绿营的龃龉斗法，与湖南官场的凿枘不合，想起在南昌与陈启迈、恽光宸的争强斗胜，这一切都是采取儒家直接、法家强权的方式。结果呢？表面上胜利了，实则埋下了更大的隐患。又如参清德、参陈启迈，越俎代庖，包揽干预各种情事，办理之时，固然痛快干脆，却没有想到锋芒毕露，刚烈太甚，伤害了清德、陈启迈的上上下下、左左右右，无形中给自己设置了许多障碍。这些隐患与障碍，如果不是自己亲身体验过，在书斋里，在六部签押房里，是无论如何也设想不到的，它们对事业的损害，大大超过了一时的风光和快意。既然直接的、以强对强的手法有时不能行得通，而迂回的、柔弱的方式也可以达到目的，战胜强者，且

㊀ 唐浩明. 曾国藩[M]. 沈阳：春风文艺出版社，2009。

引言　善复盘者赢

不至于留下隐患,为什么不采用呢?少年时代记住的诸如"大方无隅""大音稀声""大象无形""大巧若拙"的话,过去一直似懂非懂,现在一下子豁然开朗了。这些年来与官场内部以及与绿营的争斗,其实都是一种有隅之方,有声之音,有形之象,似巧实拙,真正的大方、大象、大巧不是这样的。它要做到全无行迹之嫌,全无斧凿之工。㊀

复出之后,曾国藩充分实践自己找到的"柔弱胜刚强"的道路,"一连几天,曾国藩坐着绿呢大轿,遍拜长沙各衙门,连小小的长沙、善化两县知县,他也亲自造访"。㊁作为手握重兵的湘勇统帅,曾国藩如此不计前嫌、谦恭有礼的行动,彻底收服了长沙官场的人心,为自己在前线的战争奠定了一个稳固的后方。

曾国藩还认识到,自己以前认为官职是朝廷名器,在保荐上太过于慎重,导致很多跟随自己多年的人都没有获得一官半职,也是战事不顺的原因。没有重赏重保,部下当然不会下死力。因此,复出之后,曾国藩就对部下"以大义剀切晓谕,以优保暗作许诺",两手齐下,充分调动大家的积极性。对于打胜仗后各个官员的保荐名单,曾国藩照报不误。

基本上,复出的曾国藩与之前有了一个大转变。在内心的坚持上,他还是以前的那个曾国藩,维护名教传统;对自己个人的要求,依旧按照君子的标准而行。但是在方法上,却很少再去硬

㊀ 唐浩明.曾国藩[M].沈阳:春风文艺出版社,2009。
㊁ 同上。

碰硬地争斗，而是迂回解决问题；对他人的物质利益要求，也已经能够理解和满足，不再具有道德癖。

一个对己严、对人宽的曾国藩，终于成就了现在的"完人"。

当然，复盘不是成功人物或者伟大人物独用的方法，我们每一个普通人，通过复盘，也可以收获自己的成长和提升。

撞了不白撞

2008年9月，中秋节后上班的第一天，阿九竟然在办公室晕倒了，更倒霉的是，他的头撞上了两面墙交界突出的棱上，这可是墙最尖锐的地方（墨菲定律又一次应验了），于是立刻头破血流。阿九很快被送往了医院，医生告诉他，伤口有5厘米长，阿九生平第一次被缝针了，有5针之多。

为什么会晕倒呢？事后同事和朋友们不解地问阿九。

是啊，为什么会晕倒呢？阿九自己也想找到答案。自己不过三十出头，年富力强，除了感冒，任何小病小灾都没有过，生活规律，经常锻炼，怎么就晕倒了呢？带着这个疑问，阿九对晕倒前的过程进行了回顾：

> 当时，自己正在工作，突然，感觉到一阵胸闷，紧接着是头晕，然后就不可控制地吐了一桌子，连同前一天晚上和当天中午吃的食物都吐了出来。随后，胸闷和头晕的感觉消失了，阿九看着满桌子的秽物，决定收拾一下，等他离开座位没走出几步，头一昏就撞上了墙的棱角。

引言　善复盘者赢

不管回想多少次，整个过程和步骤，都是如此，没有差别。

头晕，一般是因为血糖比较低，可自己并不是低血糖，也从来都没有过头晕，不可能偏偏那天低血糖，那么，还有什么原因会导致低血糖呢？

阿九思来想去，最后得出结论，一定是因为头部供血不足，导致头部缺血，从而头晕。而头部缺血，是因为胃部不舒服的时候，要从胸部和头部抽血，以解决当时不可控制的想吐的动作。为了缓解胃部不舒服的问题，胃部先是就近从胸部抽血，这导致了开始的胸闷。但是这并没有解决问题，于是继续向更远的头部抽血，这导致了后来的头晕。当胃部从胸部和头部抽血之后，满足了做出动作所需要的能量，于是用力将积存在胃部的物质吐出，缓解胃部的不舒服症状，然后血液回流至胸部和头部，一切开始好转。自己的问题出在情况好转之后，起身太快，头部血液不足，不能满足所有行为的能量要求，于是晕倒，于是撞墙，于是头破血流。

后来咨询了医生朋友，才知道原因是一过性低血压。

不过是快了几秒钟，却付出了几百块钱的代价和近一个月的休养恢复时间。阿九戏言，这真是血的代价，一有机会说到这个事情，他就会说："给你一个血的教训——血换来的教训：当呕吐头晕的时候，一定要保持姿势不变，直到自己觉得完全清醒。"

阿九复盘出了胃部、胸部和头部的关系以及胸闷、头晕的原因，但是并没有停下来，他继续追问了一下：为什么胃部会不舒服呢？是因为中秋晚上自己吃得太好，腊鱼腊肉、鸡腿鸡蛋、月饼米饭、红酒白酒、凉拌热饮，满满当当塞了一肚子。而平常的晚上，自己最经常吃的是西红柿鸡蛋面或者是蛋炒饭，简单清爽。中秋晚上的饮食打破了胃部原来习惯的平衡，超出了胃部的肌肉记忆，只是因为年轻身体好，才没有当晚发作，等到第二天，经过外在某种因素的刺激，触发了胃部的"机关"，于是一切就自然而然且不可避免地发生了。

阿九想："看来，身体的好坏并不是绝对的，关键是要保持平衡。平衡是身体各个部位经过长时间相互调适的结果，是它们最佳的工作环境。如果打破了平衡，偏离了它们工作的习惯值，一旦超出了承受范围，某个器官就会表现出不舒服并进行强行修复，这必然会让人感觉不舒服，从外在表现来看，就是人们常说的'得病'。所谓'得病'，是因为打破了平衡，并不是身体不好。这也才能解释，为什么一些看起来病歪歪的人，活得要比某些看起来健康的人长，为什么人体可以带瘤生存，某些病菌可以长期存活在人体内但并不发作，因为只要没有打破平衡，人体的所有器官就都能够正常有效地发挥作用，抵制各种疾病，保证身体正常运转。"

可见，这次撞头对于阿九而言，也不全是坏事。通过用心复盘，他得出了很多有用的认识，获得了成长，有能力指导自己在未来如何正确处理同样的情况。

其实，复盘这种方法并不复杂，人们在自己的工作生活中也早就在使用，只是因为没有意识到，所以复盘才没有发挥出在柳传志手中那样的威力。一旦人们开始意识到，并将复盘做成习惯和文化，他的工作和生活都将展开一幅新的面貌。因为最终我们将发现：**本质上，复盘可能是我们唯一拥有的提升自己的方法。**

什么时候复盘

什么时候可以去复盘呢？

联想集团十几年复盘实践的经验是：

1）小事及时复盘。

2）大事阶段性复盘。

3）事后全面复盘。

在事情做完的时候可以复盘，在事情进行到中途也可以复盘。当你觉得一件事情有疑惑的时候，当你觉得矛盾的时候，当你认为到了事情关键点的时候，当你怀疑事情是否按照正确的路径在进行的时候，等等，都可以进行复盘。

可以说，**任何时间，任何地点，任何事件，只要你觉得有必要，都可以进行复盘。**

参加一个会议之后，你可以复盘下会议中自己的表现，以便下一次会议能够更有成效；参加一次商务谈判之后，你可以复盘下谈判中自己的表现，以便以后的谈判会更胸有成竹。成功的事情，通过复盘发现真正促使成功的原因，以便继续成功。失败的事情，通过复盘发现失败的关键，避免下一次重蹈覆辙。

只要去复盘，你便会有"觉"，觉悟、觉醒、觉察，发现做事的关节和诀窍。

个人要复盘，团队也要复盘。

个人复盘提升自己能力，团队复盘提升组织能力。

个人的复盘，可以是一转念，一思量，一回想，一反省。

团队复盘，则需要专门的时间和空间，一起探讨。

让复盘成为习惯和本能。

现在，开始复盘！

本书讲述了复盘的价值、类型、角色、方法、内容和步骤等各个方面。

从价值上来说，复盘可以帮助我们避免犯同样的错误、固化规律、校验方向、认清问题背后的问题、发现和产生新的想法与知识。除了提升能力之外，它还对提升个人品性和组织性格有巨大作用。三思而后行，一个习惯复盘的个人和企业，品性会更加低调和踏实，避免浮躁和冒进带来的危害。

本书还提供了一个概念：柳传志环。我将做事的"沙盘推演——执行——复盘"称为柳传志环。之所以这样命名是因为复盘是由柳传志引入到做事的过程之中的。柳传志环可以简称为 PDF 环。P 代表 Preview，指沙盘。D 代表 Do，指做的过程。F 代表 FuPan，指复盘。

第1章

什么是复盘

关于复盘，回顾、反思、探究、提升，一个都不能少。

复盘的关键是推演，通过推演这个动作，复盘就不仅仅是对过去的复制呈现，而是可以对各种可能性进行探讨。正是因为推演这个动作，将复盘与总结从本质上区别开来。

事前有沙盘，事后有复盘。

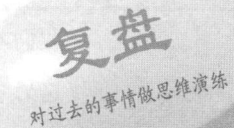
复盘
对过去的事情做思维演练

所谓复盘，就是在头脑中对过去所做的事情重新"过"一遍。它通过对过去的思维和行为进行回顾、反思和探究，实现能力的提升。

复盘的关键是推演，通过推演这个动作，复盘就不仅仅是对过去的复制呈现，而是可以对各种可能性进行探讨。正是因为推演这个动作，将复盘与总结从本质上区别开来。复盘不同于总结，就像沙盘不同于计划一样。

事前有沙盘，事后有复盘。

回顾、反思、探究、提升，一个都不能少

工作做到什么程度才算结束？

当我们做完一个项目，完成一个工作，提交一个成果之后，一般来说，事情就结束了。

事情真的结束了吗？

没有！

我们才做到了事情的一半。还有另一半，也有很大的价值。

这另一半，就是复盘。

对于复盘来说，回顾、反思、探究、提升，一个都不能少。

回顾就是回顾过程，反思就是反思原因，探究就是探究规律，提升就是提升能力。回顾、反思、探究，是复盘的动作；提升，是复盘的结果。

我们用一次销售活动的复盘来举例。

假定销售的产品是网络培训产品，销售时间花了三个月，计

第 1 章　什么是复盘

划销售额是 100 万元，实际销售额是 10 万元，去过学校，搞过讲演，做过论坛。

　　回顾，就是对这三个月的工作进行描述：① 目标是什么（100 万元）。② 结果如何（10 万元）。③ 做了什么（跑了十几所学校，做了一些广告页，举办了一些讲座，在学校的网站上有一些宣传）。④ 与计划有什么出入（媒体宣传减少了，讲座增加了，网络宣传增加了。与校学生会和系学生会搭上关系的目标没有实现）。⑤ 产生了什么意外结果（渠道比原来熟悉了，在学校发展了一批做兼职的学生，如果下次有合适的产品，可以继续使用），等等。

　　反思，就是找出原因：① 为什么实际销售额与计划差别那么大（自己对市场的认知不对，远程教育虽然看起来很热，自己代理的产品也是名牌，但是，真正愿意掏钱购买的不多。市场上卖得好的产品，都是跟收入挂钩的，比如职称类的，学习了考试了，可以得到加薪。其他的纯粹学习类产品，市场购买欲望还比较低）。② 为什么实际做的事情与计划要做的事情不完全一致（主要是现在的平面媒体不能辐射校园，而大学生，现在上网是极其普遍的，可谓是长在网上。因此，增加了网络营销的投入，减少了平面媒体的宣传）。③ 时间上太仓促，错过了与主要消费者大面积接触的机会，只在学校推广了两个月，就到了暑假，很多学生都离校了。

　　探究，就是发现规律，找到原因背后的原因，发现问题背后的问题：① 对市场认知不对，是因为没有深入市场做调研。现在看来，消费者还是喜欢能够尽快得到实惠的产品，强调的是短线收益，而不关注长期可能的效果，这是消费心理。② 做决策太草率。看到远程培训宣传得火,代理的也是名牌,就仓促决定上马,归根结底是自己做决策之前只看见利益没看见风险。以后应该形成一个决策机制,在决策之前,不能光听厂家怎么忽悠,而是要看看做过的人是怎么说的。③ 这次损失巨大,是因为不能退货,都是先付款拿的货,亏的都砸在自己手里,这相当于没有给自己任何保护。以后凡是这样的产品,都不做,不管厂家多么大牌。④ 在做之前,厂家说有各种支持,但是交钱后,很多支持都没有兑现。下一次找合作对象,要看接触的厂家的人,不能听他们说的,要看他们做的。那种说起来滔滔不绝、天花乱坠的厂家,不可信。

经过这个复盘的过程,我们发现,如果重新来一次,则:第一,不会代理这种远程产品,代理的将是对消费者更加有即时效果的产品;第二,不会因为厂家说得好听就掏钱,保证了自己资金的安全,也节约了时间成本;第三,决策更加慎重。

复盘的关键是推演

在第一眼看来,很多人觉得复盘也没什么特殊,不就是总结经验教训吗?

真的是这样吗?

当然不是。

如果复盘只是一个哗众取宠的词语,柳传志完全没必要在联想的管理中引进复盘这种方法,并将其作为联想的三大方法论之一,更不会要求联想集团全球的每个员工都认真学习复盘,"与复

第1章 什么是复盘

盘同呼吸共命运"。

事实上，总结只是复盘的一部分，复盘有比总结更为丰富的内涵。

总结是对事件过程进行梳理，它是对已经发生的行为和结果进行描述、分析和归纳。它关注一些关键点和里程碑。而复盘，是在头脑中对做过的事情重新过一遍。这个"过一遍"，就是说从头到尾的审视。**复盘除了有总结所包含的动作外，它还对未发生的行为进行虚拟探究，探索其他行为的可能性和可行性，以找到新的方法和出路。**

可以说，总结是静止跳跃的，复盘是动态连续的。

探究中的一个重要动作，是推演，这是复盘与总结最显著的区别。正是因为推演这个动作，使得我们可以对各种可能性及其不同后果进行审视和设计，看看为什么会成功，为什么会失败，成功的地方是否有更成功的措施，失败的地方是否可以找到不同的路径。就像下围棋一样，总结只是告诉棋手这一盘棋哪里下得好，哪里下得不好，哪里是问题手。复盘则可以让棋手对下得好的子、下得差的子或者是问题手等进行探究，看看是否有不同的下法，下得好的地方是好在哪里、为什么好，下得差的地方为什么不应该那么下，问题手则试试有没有其他下法，其他下法导致的后续变化与应对是什么，等等。

复盘还可以对事件发生之前的思考和逻辑进行梳理，去审视当时思考的过程以及逻辑，并对其进行评判，以确定做事的前提是否需要重新构建。通过复盘，加上执行实践的参照比对，从而排除错误的认识和路径，找到更有效、更符合本质规律的做法，

复盘：对过去的事情做思维演练

确定哪些行为可以继续，哪些行为必须终止，应该开始什么新的行为，等等，帮助今后把事情做好、做对。

可以说，总结是平面的行为，复盘是立体的行为。

说到推演，很多人熟悉的是沙盘。沙盘是人们常见和熟悉的推演，它是事前的推演。因为此时还没有实践，沙盘所得出的结论，更多的是想象中的可能性。复盘可以看成是事后的推演。因为已经有了执行过程中的经验，有了执行结果作为参照比对，复盘过程中得出的结论，就不再像沙盘推演时只是想象的可能性，而是可以帮助解决问题的确定性方法。

没有人将沙盘等同于计划，自然，复盘也不等同于总结。

当一个人精通复盘之后，他对于自己的工作就会有深刻的认识和体悟，具有一种惊人的直觉，这个时候，他用不着一板一眼地进行推演，就可以从纷繁复杂的现象中一眼抓住关键所在，找出解决问题的方法和路径。他究竟是在复盘还是在总结，看起来更加难以区别，但并不是没有区别，而是一般人看不出来而已。

复盘的由来

所谓复盘，是从围棋中借来的一个术语。围棋中的本义是，当我们下完一盘棋之后，要重新在棋盘上走一遍，看看哪些子下得好，哪些子下得不好，哪些地方可以有不同甚至是更好的下法，等等。

这个重新走一遍并且思考的过程，就称为复盘，也称为复局。通过复盘，棋手可以发现棋路的不同变化，找到更好的下法，总

第1章 什么是复盘

结新的套路,最终甚至可以形成棋谱(固定的某种情况下最优的应对招式),从而实现自己棋力的提升。

中国围棋元老陈祖德曾经在演讲中说:"还有一个棋手林海峰,他修养特别好,输了棋还跟对手请教、研究。可是一次他的孩子到我家里说,他爸爸输了棋回家肯定三个晚上睡不着觉,一直在摆棋,就是说梦话也是在讲棋。"⊖

这个摆棋,就是在复盘。

这种走一遍不是简单地重新将棋子按照原来的顺序摆满棋盘,而是要对每一手重新进行思考,一方面是还原当时的思考逻辑,另一方面,因为是事后的重来,可以过滤对局时的情绪,获得了一种站在画面外看画的角度,也有了一种局外人的从容,从而给了自己理智的重新思考的机会。

通过复盘,棋手可以发现,自己在对局过程中,哪些是疑问手,哪些是胜负手,哪一步下臭了,哪一步是精彩的。对于疑问手,还有哪些不同的应对手法,更好的下法是什么,下法改变之后的应对是什么,不同手之间的顺序是不是应该调整⋯⋯

复盘被认为是围棋选手增长棋力的最重要方法,尤其是有比自己更高水平的人和自己对弈并帮助复盘的时候,他们可以看出选手看不到或者思考不到的地方,从而一下子将选手的眼光和视野拓宽。"二老(刘棣怀和王幼宸)训练我们的方法说来也简单,就是下,下完作一番简单复盘,日复一日,天天如此。这样的训练方法最单调,但也最有效。水平低的年轻棋手要想快速提高,

---

⊖ http://news.chinawutong.com/fangtan/tongsu/200811/24749_8.html。

最好就是有条件向高手讨教，通过实践来学习。因为对局中能够学到布局、中盘、官子及形势判断等各方面的知识，又能不断增加实战经验，还能迫使高手认真思索，拿出看家本领。"[1]

我们一直在复盘

炒过股票的人都很熟悉复盘。每天交易结束之后，他们都要对当天的交易情况进行复盘，对全天大盘的走势进行回顾，对各支股票全天的走势进行回顾，思考股票如此走势的原因，提出一个可以说得通的解释。通过复盘，每个股民都总结提炼了自己的炒股技术，形成了自己的炒股逻辑。此外，他们希望通过复盘得到"盘感"，这种盘感可以让人能感知股票未来的走势，从而占得先机，战胜股市，获得盈利。

也有一些人将复盘运用在自己的工作中。许月良和刘毅将复盘应用在自己的课堂教学活动中[2]，还有人强调在部队演习中要重视复盘[3]。

其实，我们每个人对于复盘都不陌生，很多人在日常的生活中，都在自觉不自觉地进行复盘。只是可能并没有人叫它为复盘，也没有意识到那是在复盘而已。比如，人们在思考事情的过程中熟练使用的回想、反思和总结等技巧，就是复盘方法中的重要步

---

[1] 陈祖德. 超越自我[M]. 北京：中华书局，2009。
[2] 许月良，刘毅. 如何对数学课堂教学进行有效"复盘"——以人教版《以同底数幂的乘法》教学为例[J]. 当代教育论坛（教学版），2011(4)。
[3] 邓继林. 要重视"复盘"[N]. 解放军报，2003-9-18(2)。

第 1 章 什么是复盘

骤,也可以说是在进行一种简化的复盘。

和朋友聚会后,会回想为什么自从某个时间之后,朋友好像并不快乐,是不是自己有什么话说错了。跟领导沟通后,会反思自己对领导的态度是否过于放松轻浮,导致领导将本该自己负责的事情交给了他人。与客户接触后,会总结哪个地方是客户的兴奋点,哪些是客户真正的需求,要在哪里着力。孩子生病了,是昨晚被子没盖好还是吃坏了肚子?背部的疼痛,好像和上次的感觉不一致,部位也不完全相同,是不是应该去找医生看一下?这次团队任务完成得不错,是运气还是实力使然?怎么上次用过的方式这次没有奏效……所有这些思考问题的过程,都是在使用复盘的方法。可以说,复盘在我们的工作生活中无处不在,我们每个人都在使用复盘的方法。

我们有事情的时候,常常会找到朋友说,你帮我参谋参谋。这个参谋,出主意倒在其次,主要就是复盘。通过讲述过往的经历,让另外一个人去整合梳理,看看有没有什么新的角度和结论出来,以便对事情有个更加清晰准确的认识,为随后要采取的行动提供指导。

复盘,并不要求我们真的每一次都将原来的事情重新做一遍,除了围棋的复盘是重新按照下子的顺序一步步重新摆放之外,部队演习不用重新来一遍对抗才能知道对抗中的问题,老师也不用重新按照原来的教学才能知道应该在哪些地方进行修正提升。阿九更不用通过再来一次呕吐撞墙才能得出关于血液和身体平衡的认识。这不但不必要,而且也不可行。

所谓复盘,更多的是一种思维上对事件的重现,可以是真实

> **复盘**：对过去的事情做思维演练

情境的重来，也可以是一种纸上风暴。通过事后在头脑中和纸面上重现事件的整个过程，重新审视、思考事件中的行为和思维，从而发现问题，吸取经验，找到根源，总结规律，最终实现能力提升。

第 2 章

为什么复盘

复盘可以帮助我们避免犯同样的错误,固化流程、校验方向,认清问题背后的问题,发现和产生新的想法与知识。除了提升能力之外,它还对提升个人品性和组织性格有巨大作用。

三思而后行,一个习惯复盘的个人和企业,品性会更加低调和踏实,避免浮躁和冒进带来的危害。

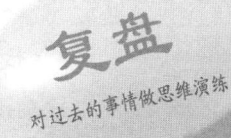

● **复盘：**对过去的事情做思维演练

为什么要复盘？

这个问题更应该这么问：为什么不复盘？

柳传志、李东生、冯仑、周鸿祎、孙陶然等牛人都在复盘，赢家都是复盘的高手，为什么我们不复盘？！

在某种程度上说，复盘是我们能够提高能力的唯一手段。它可以帮助我们避免犯同样的错误、固化流程、校验方向，认清问题背后的问题，发现和产生新的想法与知识。

除了提升能力之外，它还对提升个人品性和组织性格有巨大作用。三思而后行，一个习惯复盘的个人和企业，品性会更加低调和踏实，避免浮躁和冒进带来的危害。

避免犯同样的错误

《别独自用餐》的作者基思·法拉奇（Keith Ferrazzi）在书中讲过自己如何与总裁助理交手的经过以及他的解决之道。⊖

> 玛丽本人是 Deloitte 公司总裁帕特·罗肯多的助理（我估计就算帕特退休了以后，玛丽也还是他的助理），我们刚开始相处得很好……每次给帕特打电话之前我都会多花几分钟来跟玛丽闲聊，我总是说："玛丽，你跟别人说话的时候就像一个'大喇叭'。"现在回头看起来，我能很轻易地接近帕特的一个主要原因就是我跟玛丽相

⊖ 基思·法拉奇, 塔尔·雷兹. 别独自用餐[M]. 施宇光, 阎军生, 译. 北京：世界知识出版社, 2010.

第2章 为什么复盘

处得很好,而且我跟帕特的关系也成为我商业生涯里最为重要的一段关系。

然而,有一段时间我跟玛丽的良好关系有了一些变化。那时候我已经坐上了公司首席市场总监的位子,这样我也有了自己的全职行政助手——珍妮弗。我觉得珍妮弗具有了我所想要的、能够胜任行政助手的所有品质,她很聪明,组织能力强,工作效率也高。唯一的问题就是她跟玛丽完完全全合不来。

……

没过多久,我就发现想要把我的事情安排进帕特的日程开始变得越来越难了。对我来说,以前可以不费吹灰之力就能绕过那些烦琐的官僚程序,而现在却根本不可能。我的开支账户开始被很仔细地审查,我的时间也被大量地占据,而且珍妮弗遇到的压力也越来越大,让她不良的情绪反应变得更为激烈。

我再也受不了了,于是我直奔帕特的办公室,非常坦率地说:"你看看玛丽她在干什么?这事儿也该收场了。"

如果说在这之前玛丽已经算是被激怒了,那么现在简直就是怒不可遏。

此后的一些日子对我来说简直就像噩梦一样。终于有一天,帕特把我叫到一边说:"基思,这件事你整个都做得不好。现在我的生活简直像在地狱一般。你想想,每天玛丽都在我耳边不停说你那个助手的事情,而我真的不打算插手这个事情。还有,你真够傻的,玛丽对你还是跟以前一样的喜欢,是你该帮自己一个忙,也算是帮我一个忙吧,无论如何你一定要搞定玛丽。这件事从一开始玛丽就已经掌握主动了。"

……

珍妮弗走后,我在招新助手时做了两件事。第一件就是先把候选者拿给玛丽挨个看了一遍,然后让她按照她的喜好给排了个次序。于是,我就雇用了她选择的第一名。然后,我很认真地告诉我的新助手,要她对玛丽唯命是从。不久以后,我就和玛丽和好如初了。

在基思与玛丽的交手中,我们可以看到:

在第一回合,基思做得很好,表扬玛丽为自己所做的事情,并且通过闲聊,让玛丽感觉到了尊重:自己不仅仅是被当做接近总裁的通道,而是本人也被他人所关注。

但是第二回合,基思却犯了大多数人的错误:找到玛丽的上级帕特申诉。在玛丽看来,这是在告自己的状,相当于是直接与自己开战。结果呢,自然没有好果子吃,以后的日子变成了噩梦,甚至弄得需要总裁出面来规劝基思。

其实基思的这种做法,是很多人习以为常的思维。他们认为,领导的秘书或助理,不过是因为跟领导靠得近自己才需要跟他们打交道,有什么好牛气哄哄的?自己办的事情都是堂堂正正的,没必要对一个秘书或者助理献媚。他们将主动与秘书或助理搞好关系当成是降低身份。

第 2 章　为什么复盘

如果基思只做到这一步，那么后面的情况就是我们都熟悉的戏码了：基思不尊重玛丽，玛丽不满意基思，玛丽挑基思的错，基思告玛丽的状，形成一个恶性循环，最终两人如仇人相见，相逢必反，结果必有一人离开。

但基思没有让事情走到这一步。他首先认识到，玛丽是对自己的助理珍妮弗有意见，并不就代表对自己有意见（而我们有些人则喜欢将别人对自己亲近的人有意见，当作不尊重自己的表现，所谓的"打狗还要看主人"），玛丽对自己，还像以前一样喜欢。当然，这要多谢帕特提供信息。其次，他直接将自己招助理的权力交给了玛丽，让她来决定该招谁，选择了玛丽喜好排行中第一位的人。最后，他告诉新招的助理，要对玛丽唯命是从，这就给了新助理一个信息，玛丽才是她真正的上级。

基思的这些处理办法，避免了自己与玛丽的交往再次陷入危机之中，也再次为自己赢得了玛丽的支持，赢得了与总裁的顺畅沟通渠道，对于自己职业的经历产生了正面作用。

这样，我们看到了复盘的第一个价值：避免自己犯同样的错误。

人们常说，人不会被同一块石头绊倒两次，就是因为被绊倒一次之后，人们有了经验，从而能够防止第二次的发生。而如果一个人竟然被同一块石头绊倒了两次，我们十有八九会说，这人真是个笨蛋。但是我相信，我们都不会成为笨蛋，这正是复盘的功劳。

在引言中，我们曾经说过一个案例：阿九撞墙。假定后来的中秋节或者节假日，阿九又一次面对着一大桌丰盛的晚餐，如果阿九的生活习惯没有改变，晚上依旧是西红柿鸡蛋面或者是蛋炒饭这种简单的供应，那么，这个时候他将想起2008年中秋节第二天的遭遇，因此他会劝说自己不能太过于贪婪，不能为了口腹之欲而让胃承担过大的负担，他会控制自己饕餮一顿的欲望，这样，他就从源头上规避了因胃部不舒服而晕倒撞墙的可能性。

如果阿九的朋友过于热心，认为2008年的事故纯属意外，多吃点并不必然导致头晕撞墙，因而还是热情地劝菜斗酒，阿九觉得盛情难却，依旧是大鱼大肉、生冷不忌、红白不分地往肚子里面灌，终于将自己灌了个饱，撑得难受。这个时候，阿九的经验依旧会帮助他，他会自己小心，避免着凉，使得外在的某些未知因素失去作用的机会。即使胃部习惯和肌肉记忆，导致呕吐，阿九还会有足够的知识去保持冷静，告诉自己要保持同一个姿势，等待头脑完全清醒。甚至阿九会干脆坐在地上，这样即使晕倒了，也会因为重心低，不会造成什么伤害。

我们现在基本上可以断定，在未来的岁月中，阿九将不太可能因撑得呕吐而头晕摔倒。这种判断的前提来自阿九对头晕呕吐等方面的知识，而它们又来自阿九对2008年头晕撞墙事件的复盘。

固化流程

"打开内侧着陆灯。"

"打开固定着陆灯。"

"打开频闪灯。"

"自动油门预位。"

第 2 章 为什么复盘

"应答机开。"

"气象雷达打开。"

"起飞前检查单完成。"

在任何一部关于飞行的电视剧中，我们都可以看到这样的对话。而在此之前，飞机还需要向塔台申请进入跑道。

这些近似机械化的固定动作，是飞机起飞前必须执行的流程。为了形成这种流程，需要经验丰富的人员对无数次飞行的经验进行回顾、审查，然后经过缜密的思考，最后形成一份起飞前动作审查清单。飞行人员按照这份清单操作，可以最大程度地保证安全起飞。

起飞前的检查流程，是一个复盘后固化业务流程的典型例子。这样的例子，在我们的工作和生活中随处可见。几乎所有的机构都有工作流程，我们跑步要先热身，就连菜谱中每道菜的制作都有步骤，这些流程规定都是经过复盘产生的。

最有影响的流程概念，是清单。

在《清单革命》一书中，作者调查了很多案例来说明清单的价值。

> "一张小小的清单，让约翰·霍普金斯原本经常发生的中心静脉置管感染比例从 11% 下降到了 0；15 个月后，更避免了 45 起感染和 8 起死亡事故，为医院节省了 200 万美元的成本。"
>
> "美国每年发生的严重建筑事故只有 20 起，这意味着建筑行业每年的可避免严重事故发生率不到 0.002%。"

"8家试点医院,医疗水平参差不齐,但持续改善的清单,让4000名病人术后严重并发症的发病率降低了36个百分点,术后死亡率下降了47个百分点。"

"一张清单,让投资家旗下的投资组合市值竟然增长了160%。"

但是,这些清单并不是自动而来的,而是经过无数次试验,反复推敲后得出的。或者说,是复盘的结果。与一般的流程不同,清单并不包含做事的所有步骤,它只是选择那些重要而又容易出问题的点。即便这样,清单本身,依然是关于流程的规定。

华罗庚曾经写过一篇文章——《统筹方法》,里面讲过一个泡茶的例子。

比如,想泡壶茶喝。当时的情况是:开水没有,开水壶要洗,茶壶茶杯要洗;火已生了,茶叶也有了。怎么办?

办法甲:洗好开水壶,灌上凉水,放在火上;在等待水开的时候,洗茶壶、洗茶杯、拿茶叶;等水开了,泡茶喝。

办法乙:先做好一些准备工作,洗开水壶、洗壶杯,拿茶叶;一切就绪,灌水烧水;坐待水开了,泡茶喝。

办法丙:洗净开水壶,灌上凉水,放在火上;坐待水开,开了之后急急忙忙找茶叶,洗壶杯,泡茶喝。

哪一种办法省时间?谁都能一眼看出,第一种办法好,因为后两种办法都"窝了工"。

第2章 为什么复盘

我们自己在生活中，也经常会通过复盘，形成自己独特的做事流程，只是有时候我们并没有意识到它是复盘得出的。比如说打扫卫生，有的人一般是想到什么地方就打扫什么地方，但是有经验的人，一般会先清扫高处的灰尘，然后擦桌子，再然后扫除地面的垃圾，最后再拖地。因为这样可以避免反复清扫，不但清扫得干净，而且还节省体力。

可能很多人觉得，日常生活没必要过得这么累，随性一点就可以，愿意先做什么就做什么，晚一点早一点也没关系。但是在工作中，多思考，统筹安排，固化流程，可以节省很大的成本。

在管理上，最典型的案例就是泰勒制。泰勒是科学管理的鼻祖，他通过对生产过程进行分析，分解生产动作，得出科学的工序，最佳的工位设置，最合理的劳动定额，标准化的操作方法，最适合的劳动工具，这导致大规模生产成为可能，福特所引导的流水线生产就是这一思想的产物。流水线，就是最常见的固化流程。

IBM 曾经在给华为做咨询的时候，提出过这样一个观点：没有时间和精力将事情一次就做对，却有时间和精力重复一次次做同一件事情。[○]

这个重复一次次做同一件事情，就是因为没有固化流程，没有优化流程，导致一次次要重新从头开始，不断试错。针对这种情况，任正非在华为引入 IBM 设计的系统的时候，规定了"**先僵化，后优化，再固化**"的套路。

○ 汤圣平. 走出华为[M]. 北京：中国社会科学出版社，2004。

先僵化，就是不管 IBM 新设计的系统如何，与原来的系统不对接也罢，改变了员工的工作习惯也罢，还是影响了响应效率，等等，不管是造成了什么问题，都不理，就是要按照 IBM 设计的系统执行，亦步亦趋，先学会使用。这个过程，被任正非称为削足适履：削华为的足，适 IBM 的履。

等到员工们熟悉了 IBM 的系统，能够熟练使用之后，他们自会根据使用的实践和业务的特质，发现一些可以改进的地方，这时候就可以对系统做一些小的细节上的优化。一旦这样的优化经受住了考验，就固化下来，成为标准做法，在全公司传播，其他人就可以直接运用，而不必再花时间和精力进行探索。然后，再一轮"先僵化，后优化，再固化"的流程，不断取得进步。

复盘能够帮助我们找到更多的解决问题的办法，并最终确定不同条件下的最有效的应对之策。将这些最优的应对之策固定下来，就可以进而形成规范的流程，共享经验教训，为后来者的行为提供指导，从长期来看，可以减少组织或者个人的成本支出。

从"蒙着打"变成"瞄着打"

2009 年 11 月 27 日，联想集团以总额 2 亿美元的价格向以弘毅投资为首的一些投资者收购联想移动，从而重新进入手机市场。而联想移动，恰恰是 2008 年联想对 2005 年战略（国际化、多元化）反思后卖掉的资产。当时，联想集团以 1 亿美元的价格卖给了以弘毅投资为首的投资者，现在却以多花一倍的价钱买回来。

第 2 章 为什么复盘

在很多人看来，先卖出，还是低价，然后再高价回购，联想是在瞎折腾。更有阴谋论者怀疑里面是不是有什么利益输送的猫腻。但是于联想集团而言，每一个动作恰恰都是复盘后深思熟虑的表现。卖出联想手机，是因为当时的核心业务联想电脑受到很大冲击，国际化的步履也正是关键时期，联想集团很难抽出更多的精力关注联想手机。而同时，国内的手机市场已经狼烟四起，山寨横行，联想手机要做大做强，必然要求联想集团投入更多的资源。联想对 2005 年的战略进行了反思，决定收缩战线，回归核心，稳住阵脚，于是卖出联想手机成为必然动作。而 2009 年后，由苹果 iPhone 引领的智能手机风头无双。更重要的是，在随后的发展中，iPad 的出现，人们越来越可以清晰地看到手机和电脑的融合趋势。掌控自己的手机产业，是联想集团在未来移动时代占据一席之地的必然要求。因此，买回联想手机就成为最佳选择。2012 年 9 月，惠普也宣布进军手机产业，这为早就如火如荼的手机产业又添加了一把柴火，同时从侧面证明了联想集团买回手机业务的正确性。

从数字上看，我们或许可以说联想集团做了一笔亏本的买卖，但是如果从战略考虑，则可以有不同观点。因为正是在 2008 年所进行的战略归核，一方面通过卖出联想手机获得了资金，另一方面也可以全力投入联想电脑业务，才保障了联想电脑国际化的成功，它所带来的市场稳固和利润，让联想集团有底气去做其他的动作。如果当时没有卖掉联想手机，很可能因为力量不能往一处使，国际化不成功，多元化也不成功，造成两头都需要输血，反倒可能使现在步履维艰。

● **复盘**：对过去的事情做思维演练

复盘，可以让我们在做事的过程中随时审视事情的进展，看看事情是否偏离了原来设定的方向，也可以确定在目前的资源下，原来设定的方向和目标是否正确合理，同时，通过阶段性复盘，还可以回归校验开始的决定是否正确，从而确定是否应该做出调整。

人们之所以失败，往往并不是缺少方向和目标，也不是缺少努力，而是在做着做着的过程中，突然发现偏离了计划好的方向，原来设定的目标不见了。柳传志常说，要能够"退出画面看画"，指的就是要经常跳出来分析局部和整体的关系，不至于做着做着就忘记了根本目的。

所以，在联想的方法论中，除了复盘之外，还有一条就是：极强的目的性。每做一件事情，都要问它的目的是什么，它的目的是否符合更高层面的要求。通过对目的的追问，牢牢把握事情发展的方向，最终实现目标。而复盘，就可以帮助我们来看看每一步的目的是否正确，方向是否准确，一旦发现问题，就可以及时校正。

3721曾经开创了很多创新，比如在地址栏就可以进行搜索，它为普通人上网提供了方便。同时，3721也为周鸿祎带来了第一桶金。2003年10月，周鸿祎以1.2亿美金将3721卖给雅虎。当然，3721也给周鸿祎带来了巨大的骂名——流氓软件之父。

3721是方便中国人上网的产品，它在客户端的安装方式是插件弹窗方式：当用户浏览一个网页的时候，3721会用脚本看看该用户有没有安装3721的插件，如果没有安装，IE就会自动弹出一个窗口，询问用户是否安装，点击"YES"就能自动安装。这种

第 2 章 为什么复盘

安装方式简便迅速，为 3721 带来了巨大的客户端资源的增长。

但是，这种方式的一个重要问题是，没有考虑用户的感受。对于那些选择"NO"的用户，每打开一个新的网页，就都要重新面对是否安装这个老问题，这让用户非常反感，影响了用户对 3721 的评价。而这还不是 3721 最致命的错误。

最致命的是，后来 CNNIC 也开始做客户端，在市场上与 3721 针锋相对。两家公司产品相似，都采用弹窗技术。为了争夺用户，两家公司在用户的电脑里面大打出手，你删除我的客户端，我删除你的客户端，而且这样的互删不告知用户，是在用户对此毫不知情的情况下进行的。

更恶劣的是，后来百度也参与了进来，这样就变成了三家混战。在用户的电脑里面打来打去，有的故意弄得用户难以卸载，即使卸载了，也删不干净，还留有隐藏的模块，让用户不胜其烦。后来，三家走上了互相诉讼的地步。

回顾这次竞争，周鸿祎觉得，其实并不是竞争对手打败了自己，而是用户打败了自己。在竞争的过程中，眼睛里面没有用户，只有竞争对手，忽视了用户的感受，不尊重用户的利益。做企业的目的本来是希望通过赢得用户获得收益，现在却变成与竞争对手打仗，完全忘记了自己的初衷。

面对这次竞争的痛定思痛，周鸿祎获得了很多对商业和竞争的新领悟：真正地懂得了**生意的本质是什么**。**生意就是人性，一定要尊重用户的利益，尊重用户的体验**。这些领悟为后来他创建奇虎 360 提供了很多借鉴。

其实，3721 时代的周鸿祎在中国并不少见，比如最近的加多

● **复盘**：对过去的事情做思维演练

宝与王老吉员工为了争夺渠道打架，房地产代理商链家地产和我爱我家的员工为了争夺顾客打架，等等，都是忘记了竞争的本质不是打击对手而是赢得客户。

不仅仅是企业，个人也一样容易出现这种偏离目标的情况。比如，我们常犯的一个错误是：将手段当做了目标。在工作中，这样的案例随处可见，随时会发生。

一家公司的老板让他的秘书联系下客户，看是否有机会过两天见一面，要求秘书下午5点前给自己回复。到5点了，下面是他们的对话：

老板：跟王总联系好了吗？

秘书：我打他电话了，没人接。

老板：那我要不要空出那个时间段？

秘书：还不知道呢，我问下他秘书吧，刚才跟他秘书打电话也没接。

老板：那什么时候能确定呢？

秘书：不知道，我待会再跟他们联系下？

老板：那如果还联系不上呢？

秘书：……

老板：有没有给他们发短信？

秘书：没有。

老板：有没有给他们微博私信或者即时通信上留言？

秘书：没有。

第 2 章　为什么复盘

　　老板：有没有给他们写邮件告诉他们想要交谈的事情？

　　秘书：没有。

　　老板：就是给他们打电话？

　　秘书：……是的。

　　很明显，这个秘书将目标替代了，把约王总见面的目标，转换成了给王总和他秘书打电话的目标，偏离了老板的本来要求。当然，经过市场竞争和职业化教育，这样的秘书越来越失去了生存的空间，也越来越少见了。但是，职场中，用手段代替目标的事情并不少见，不过有时候手段可能会以原因或者借口的形式出现。比如说，你问他为什么没有准时到会，他会说因为公司的车都出去了（可能以前去一个地方都是公司的车接送）；你问他为什么迟到了，他会说昨天睡过头了。这都是典型的用原因或者借口形式将目标给替代了。

　　复盘，正好可以帮助我们在做事的过程中自我审视，看看是否偏离了原来的路线，如果有所偏离，可以及时将我们拉回原来的轨道，保证航向的正确，向原先预定的目标前进。

　　在 2011 年 9 月 27 日联想之星创业联盟成立大会上，联想控股旗下公司拉卡拉的总裁孙陶然就创业如何从"蒙着打"变成"瞄着打"时候说："创业过程是蒙着打的过程，在这个过程中，复盘至关重要。边做边复盘，不断反思过程，才能有效地总结得失，使过去的成败对未来更有价值，成为继续发展的动力。"

　　从盲目开枪变成瞄着打，有计划，有步骤，有准星，有效果。

● **复盘**：对过去的事情做思维演练

看清问题背后的问题

开会迟到，这在很多公司是常事，普遍且常见。理由可以千奇百怪，而且还都冠冕堂皇。有的人说，我刚见客户去了，回来的时候堵车了，所以迟到了。有的人说，我打印会议需要的重要材料，打印机卡住了，所以来晚了。有的人说，刚好那谁谁谁找我说点事情，他是领导，他不结束我也不好结束，所以来晚了，等等。总之，全都不是自己的问题，全部都是外部不可抗力造成的。

事实真的如此吗？其实只要我们去复盘一下就会知道，所有的理由都是借口。开会的时间和事项是早就定了的，因此，每个人都知道底线。如果说出现迟到，那一定是自己做事或者考虑事情的方式出了问题。要准备资料的，不能在开会前几分钟去准备；有人谈话的，要估摸好谈话的时间，或者先告知对方自己什么时间有什么安排；外出的，更要自己留出提前量。总之，复盘后就发现，迟到没有任何理由，出现迟到，要从自己身上找原因去提高。

复盘，可以让我们看到，在事情发生的过程中，**究竟有多少是外在的不可控因素，有多少是主动的可以控制的因素，哪些是运气使然，哪些是实力的原因**，从而让我们更好地认识自己和环境，既不骄傲自大，也不妄自菲薄，更不找借口。

2003年11月4日，TCL集团与法国汤姆逊公司正式签订协议，重组双方的彩电和DVD业务。合资公司取名TCL汤姆逊公司，简称TTE公司。由此，TCL成为全球最大的彩电生产商。

第2章 为什么复盘

当时,汤姆逊公司彩电和 DVD 业务亏损 2.54 亿欧元,但是 TCL 集团董事长李东生并不以为意,喊出了 18 个月盈利的口号。

然而,事情并没有按照李东生的预期发展。并购不但没有给 TCL 带来欧美市场的机遇,反而给 TCL 带来了巨大的亏损包袱。收购汤姆逊后的 2005 年和 2006 年,TCL 集团遭受巨额亏损,股票戴上了*ST 的帽子。

联想并购 IBM 个人电脑事业部,TCL 并购汤姆逊彩电业务,这是 2003 年左右中国企业国际化的标志性事件,但是,与联想并购 IBM 个人电脑事业部后 2012 年成为全球第一大电脑厂商相比,TCL 并购汤姆逊彩电毫无疑问是失败的。

TCL 并购汤姆逊彩电业务为什么会失败?

不同的人复盘后有不同的结论,大概可以梳理出这样一些观点。

1. 对彩电技术的发展趋势判断错误。

"李东生对产业发展方向的判断出现了失误,他认为 CRT 电视还有多年的发展前景。但事实是,进入 2005 年下半年,CRT 电视不再受宠,取而代之的是平板电视。如果在收购之前进行充分的市场调研,也许就不会出现这样的问题。汤姆逊为什么要卖掉自己的彩电业务?全球第一台彩电就是它发明的,当年欧盟向中国电视机企业提起的反倾销诉讼中,汤姆逊就是幕后主使之一。它享受了专利的红利,所以就不愿投资开发平板电视。但平板电视是未来的消费潮流,卖掉电视业务就可以甩掉包袱。即使如此,TCL 在并购它时连'过时'的技术都没获得,人家不卖。"原 TCL

集团彩电新闻发言人刘步尘说。

刘步尘的这个说法也得到了李东生自己的佐证。2012 年年初，李东生在谈及并购汤姆逊教训时候说："我们并购的时候有一样东西没看准，就是说未来电视会往哪个方向走，究竟是等离子还是液晶电视，当时更多人认为是 PDP 等离子，当时汤姆逊有很强的 DLP 技术，我们认为汤姆逊的背投（DLP）更胜等离子，结果一脑门子扎下去，结果赔了大钱。"

2. 对法国政策不了解，导致人事成本巨大。

在《TCL 国际化：李东生出海惊魂》中，作者还提到："TTE 很快陷入了'招人招不到，裁人裁不了'的尴尬情形。一方面原因是彩电行业在欧美属于夕阳行业，这方面的人才很少，也很难招；另一方面是欧洲裁员十分复杂，除了提前 3 个月通知外，还要支付高额的补偿金，如果裁员超过 10 人，补偿数额要由资方与工会谈判决定。所以，TCL 在欧洲收购企业后，因为工会压力国际整合迟迟到不了位。而在国内，这是根本不可能碰到的情形。"

在复盘这次并购的时候，李东生说，自己没有想到的是，在欧洲，解雇一个员工这么难，这极大地推高了公司的运营成本。李东生在自己的微博中透露，在欧洲解聘人员，对于那些老弱病残必须优先安排工作，也就是说，如果你要解雇员工，必须先解雇那些有能力的、年轻的、能做事的，因为这些人能够轻易找到工作。这就与解雇的初衷矛盾了，本来是想解雇那些能力不足的，

---

① 吴晓燕. TCL 国际化：李东生出海惊魂[N]. 中国经营报，2010-1-28。
② 李少林. 李东生：TCL 并购汤姆逊时有一样东西没看准[N]. 中国证券报，2012-2-2。

第2章　为什么复盘

留下能力强的轻装上阵，现在按照法律要求，要解雇先得解雇他们，那不是自断手脚吗？

3．文化难以融合。

TTE副总裁童雪松在2005年末接受《中国经营报》采访时透露，"老牌资本主义国家的企业根本看不起'暴发的中国老板'，TCL曾设想把中国设计的模具与汤姆逊共享，以此节约模具设计的巨大成本开销。虽然按照这些模具生产的彩电在美国很畅销，但法国人却怎么也看不上这些模具"。○

这种尴尬TCL遇到了很多，"例如，法国人有语言上的优越感，不愿意说英文，TCL又没有什么人会讲法语，双方的沟通非常困难，一个简单的事情开很长时间的会，往往也达不成共识"。◎

4．没有及时改进自己运作企业的习惯。

锡恩管理顾问公司首席顾问姜汝祥则从另外的角度给出了答案："蛇吞象式并购的成功要点在于，你如果能够向对方证明你在彩电、手机业务上的赚钱能力比他们强，他们就听你的，如果不听你的，你就一步步淘汰他。但TCL凭什么证明自己比对方赚钱能力强？自然就要使出拿手的习惯运作，问题是，TCL在国内的习惯运作，在西方市场未必适用，不适用，人家自然就不会听你的。"⊜

5．并购从开始就注定会失败。

如果只是复盘到前面几个原因，我们不禁要问：

○ 吴晓燕．TCL国际化：李东生出海惊魂[N]．中国经营报，2010-1-28。
◎ 同上。
⊜ 同上。

（1）法国的人员解聘政策，这是白纸黑字有法律明文规定的，只要找一个懂法语的人问一下，立刻就可以了解清楚。为什么 TCL 竟然没有了解到？

（2）文化难以融合，这是用脚后跟都能想到的事情，两种不同的文化要融合，肯定要花很多的精力。为什么 TCL 竟然没有预计到？

（3）打法要改进，环境变了，打法自然要变。为什么 TCL 没有做好相关预案？

而且，TCL 当时为了这次并购，是邀请了摩根斯坦利、波士顿等大牌咨询公司提供支持的。可是，TCL 偏偏在这些显而易见的事情上栽了跟头，这就只能说明一点：上面这些问题并不是真正的问题。

真正的问题是什么呢？

有人说，TCL 并购汤姆逊注定会失败，因为早在 1987 年，韦尔奇的 GE 就曾经将亏损的彩电业务卖给了汤姆逊而不是与汤姆逊合资。这就说明，韦尔奇也没有信心与汤姆逊合作好。韦尔奇都不行，李东生怎么会行呢？甚至传说李东生在与韦尔奇的晚宴上，还请教韦尔奇如何才能让自己这次并购结出硕果。

我个人也认为 TCL 并购汤姆逊一开始就注定会失败，之所以这么认为，原因并不是韦尔奇没有信心经营好，李东生就没有能力经营好，而是因为经过复盘后发现，李东生此次并购的发心不对。

发心有多重要，看看乔布斯评价微软的音乐产品为什么失败就知道了。乔布斯在谈到微软跟风 iPod 的产品 zune 为什么会失败

第 2 章 为什么复盘

的时候说:"随着年纪增长,我越发懂得'动机'的重要性。zune 是一个败笔,因为微软公司的人并不像我们这样热爱音乐和艺术。我们赢了,是因为我们发自内心地热爱音乐。"⊖

乔布斯所说的"动机",就是发心。

TCL 并购汤姆逊,最大的动力来自成为全球第一彩电生产商。李东生本人,将并购汤姆逊视为千载难逢的做大做强的机会。估计李东生当时已经被成为全球第一彩电生产商这个目标蒙蔽了双眼,深怕这个机会一去不复返,所以才会在仅仅花了 4 个月时间接触就决定并购汤姆逊,所以才会对自己花大价钱请的智力机构给出的风险警告也视而不见。(当时,摩根斯坦利对这一并购持中性看法,而波士顿则持反对意见,认为风险偏大。㊁) 连上面提到的显性风险都没有考虑到,那些隐性的风险,李东生可能连想都没有想过。在这样的情况下,并购不失败简直是没有天理,除非是上帝要显示自己的神奇送给人间一个奇迹。

成为全球第一彩电生产商,这是李东生的目的(动机),但是这个目的不是为消费者服务的,它的指向是竞争对手。也就是说,李东生并购的初衷并不是为了给消费者提供更好的产品,而是如何将其他的竞争对手踩在脚下。而作为企业,它的一切思考和行为都应该是面向产品、面向消费者的。这就是发心不对。

而发心不对,后面的一切就都错了。

后来,李东生在接受中央电视台采访的时候说,不要被机会

⊖ 沃尔特・艾萨克森. 乔布斯传[M]. 管延圻,等译. 北京:中信出版社,2011.
㊁ 吴晓燕. TCL 国际化:李东生出海惊魂[N]. 中国经营报,2010-1-28.

所左右，失去机会比做错事更好一些。相信这是李东生对并购后的沉痛总结。当然，李东生毕竟是一位优秀的企业家。2006年，李东生就 TCL 国际化道路陷入的严重困境写出了反思性的文章——《鹰的重生》。2007 年 4 月，合资公司的欧洲公司申请破产清算，TCL 才摆脱亏损，重回盈利轨道。

复盘，可以让我们更好地理解事情，探索问题背后的问题，直到事物的本质，让我们思路清晰，对事情未来的发展有一个更加明确的预期，对未来的行为加以指导。

发现新知识和新思路

复盘，是我们知识组成的重要来源，也是自己能力提升的重要方式。通过复盘，可以发现新的信息，提出新的假说，总结新的规律，可以帮助我们一步步接近问题的真正解决。

在《粘住》中，作者讲述了一个"指挥官意图"（CI）的概念。○

> 美国陆军士兵在做出每一个举动之前，都要遵从相当多的计划方案，这些计划可以上溯到美国总统最初制定的命令。总统命令参谋长官们完成一项任务，这些参谋就会为这项行动设定一些具体的计划，然后命令这计划就开始逐级向下贯彻——从上将到上校再到上尉。
>
> 这些计划都极其详尽地规定了"行动计划"和"行动定义"——每个阶段将做什么，将会使用什么设备，

○ 奇普·希思，丹·希思. 粘住[M]. 雷静，译. 北京：中信出版社，2010.

第 2 章 为什么复盘

将如何取得军需品,等等。命令则越来越多,直到能够具体地指导每一个步兵在特殊时刻及时地采取行动。

美国陆军在计划阶段投入了大量的精力,而计划的流程往往要经过多年改进,这个系统充满了反复沟通的过程。它只有一个缺陷:计划到最后经常失效。

……

所以,在20世纪80年代美国陆军修改了计划流程,创造了一个叫"指挥官意图"(CI)的概念。

指挥官意图是一种清晰、明确的表述,出现在每一份命令书的最上方,它详细说明了计划的目标,以及此项行动最终的理想状态。在陆军的高层,指挥官意图可能相对而言比较抽象:"摧毁东南地区敌军的士气。"在战术层面,对上校和上尉而言,指挥官意图则更加具体:"我的目标是让第三营占领4305号山头,清除山上的敌军,让敌军只剩下无关大局的残余势力,因而在第三旅侧翼通过此处时我们可以提供掩护。"

指挥官意图绝不具体规定很多细节,细节会因为意料之外的事件而变得无效。"你可能失去执行原定计划的能力,但是你永远都不会失去执行最终意图的责任。"科蒂茨如是说。换句话说,如果只有一个第三营的士兵在4305号山头上,他也得尽他所能保护第三旅侧翼的通过。

美国陆军通过对计划经常失败的事件进行复盘,提出了"指挥官意图"的概念,为完成任务提供了新的思路。

● **复盘：**对过去的事情做思维演练

我们每个人所获得的新知识和新思路，都可以说是复盘的结果。

一个人的知识分为三类：基因知识、文化知识和原子知识（个体分立的知识）。㊀

基因知识，是人类千百年进化后内化的知识，是遗传给个体的，是我们生来就会的，它是本能的部分。比如，当一个人向我们脸上打一拳的时候，不用谁教，我们自然知道闪躲。当手靠近火的时候，我们自然会保持在合适的距离，避免被烧伤。当我们饿了，就会到处找东西吃，如果是小孩子，则会通过哭闹等手段发送信息，让父母们赶紧喂奶。天冷了会穿更多的衣服保暖，口渴了会喝水，等等。这些基因知识，为我们的生存保驾护航。

文化知识，是我们所处文化氛围中耳濡目染所获得的知识，是潜移默化的知识，是我们所处环境教给我们的，是本民族或者本群体演进而来。比如，中国人吃饭用筷子，欧洲人吃饭用刀叉；古代的中国人见面拱手，现在的中国人见面握手；对父母要孝顺，对兄弟要友爱，等等。我们从小到大生活在文化的氛围中，必然要被文化打上烙印。

不管是基因知识还是文化知识，都是在我们无意识情况下习得的，只有原子知识（个体分立的知识），是我们主动获得的。

所谓原子知识，就是我们每个人通过自己努力获得的属于个人自己的知识。一般来说有三个途径：一是个人通过实践，经历

㊀ 惠双民. 社会秩序的经济分析[M]. 北京：北京大学出版社，2010。

第2章 为什么复盘

不同的事情，不断试错，总结而来。二是看别人做事，总结别人的成败，成为自己的经验。三是学习别人总结的经验，从书本上学，听别人的培训讲课。

不管是第一种途径（总结自己亲身经历），还是第二种途径（总结别人的成败），都是复盘。因此，看书和复盘，就是我们学习提高的两种方式，而且只有这两种方式。通过学习和复盘，将我们习得的知识和技能应用在实践中，解决问题。

看书，是我们学习提高的常见方式。我们花在学校的时光，大多数时间就是看书学习。看书，主要是学习他人总结出来的知识和规律，形成我们自己的知识体系和认识框架，帮助我们提高对外部世界的认识。

社会的各种认识和知识，没有不是通过复盘得到的。神农尝百草，通过事后总结，确定哪些植物可以入药，哪些可以治什么病，这是复盘。小孩子通过观察父母的行为，知道哪些事情可以做，哪些事情不能做，这也是复盘。科学家的很多结论，是通过实验得出的，是对实验归纳总结的结果，这还是复盘。

可以说，**我们所看的书，上面的知识和规律，也不过是他人复盘得出的结论。**

复盘，是另一种学习提高的方法。目前，除了联想集团在有意识、成制度地进行复盘，它还是一种不为我们注意的方法。但是，在我们的日常生活中，每个人都会或多或少地用到复盘。看到谁发财了，有人可能说，还不是跟谁谁谁关系好，这就是他通过复盘得出的结论。

如果你希望自己的生命有所成绩，你首先要喜欢看书，因为你可以通过他人的经验获得成长。其次，要精通复盘，从自己的过往中学习，不要一遍遍地交学费。

看书和复盘，是我们学习提高的两种方式。相对来说，一定要精通复盘。毕竟，书本很多还是别人复盘得出的结论，未免会有点隔靴搔痒的味道，而精通复盘，自己得出经验教训，是自己"悟"到"觉"到的，记忆深刻，理解才够透彻。在今后的运用中，也才能融会贯通，实现最好的效果。

柳传志说，我们向书本学、向别人学，只占到30%，剩下70%都是向自己学。向自己学的关键，就是复盘。一个不会复盘的人，就无法从自己的经历中学习提高，也就不能增长自己的能力，改进自己的思考，更无法面对以后的挑战。

在中国人读书少的今天，更是要精通复盘，否则，你没有任何一种帮助自己学习提高的途径。这就相当于是走路的两条腿都没有了，那就无法走路了，更不要说走得快和远了。当然，如果只希望浑浑噩噩过一生，那就没有复盘什么事情了。

认清自我，提升品性

除了上面提到的外在价值外，复盘还能够帮助我们提升自我品性。这个自我，不仅仅是指个体的自我，还指组织或者团队的自我。

当成功的时候，通过复盘，我们可以知道，是自己掌握了规律获得了成功，还是仅仅因为运气好，或者说是坐上了"火

第 2 章 为什么复盘

箭"。[⊖]当失败的时候,通过复盘,我们也可以知道,究竟是自己思考时候想法出现了错误,还是执行时候做错了,或者是外在因素发生了不可预测和控制的变化。总之,不论成功还是失败,通过复盘这一方法,我们就能够明白,其中的原因究竟是本质的还是偶发的。最终,我们能够清楚自己的斤两,始终是一个坚定的存在,不会为外在的胜利而沾沾自喜,也不会因外在的失败而垂头丧气,做到胜不骄败不馁。

复盘的次数多了,反思反省的经历也就多了,面对事情,不会轻率,而会深思,不会轻浮,而会沉稳。这就是品性的提升,改变自己的气质。

不仅仅是个人会这样,作为组织和团队来说,复盘做多了,也能够改变企业的气质。

冯仑被称为地产界的思想家。在冯仑领导的万通,每年的 9 月 13 日,也就是万通成立的日子,同时也是每年一次的万通反省日。这已经成为万通的传统和习惯。

这个习惯是从万通成立的第二年,也就是 1992 年开始的。到今天,这种近乎刻板的年年反省一直坚持了下来。在这一天,万通对企业的价值、战略、业务与管理等进行全面的反省,也思考过去的一年中,有什么做得不对的地方,或者有哪些需要加强的事情。

为什么这么重视反省?冯仑说:"我知道战后的日本、德国也是通过反省,走上了强国的道路。所以当时我就有一个想法,只

⊖ Facebook 首席运营官桑德伯格在 2012 年哈佛商学院毕业典礼上的演讲。

要不断反省，人、社会、政党都会有一个前进的动力，而且会找到发展方向。"[一]

每年的反省都有主题。反省主要就是提问题、提建议，进行批评，然后讨论怎么改进。每年的反省日都给万通带来了很多的变化，也集中反映在实际的经营之中。

近10年来，万通的反省主题如下：

2000年：新经济与万通。

2001年：批判与进步。

2002年：新战略对内宣讲会。

2003年：拥抱未来。

2004年：拥抱未来，执行现在。

2005年：新政下的战略与执行。

2006年：15年反省与战略前瞻。

2007年：新万通新企业公民。

2008年：变革与执行。

2009年：凝聚价值观，开创新未来。

2010年：创新进取，高效执行。

2011年：团队的力量。

2012年：加强监管，任重道远。

谈到反省对万通和自己的价值，冯仑说：

> 我觉得最大的作用，就是指导自己。有很多人一过生日，就觉得自己牛逼，就觉得自己很行。我们一反省，

[一] 风马牛，2012-9-13。

第 2 章　为什么复盘

就觉得自己真不行，还有这么多事还没做好。我们每次反省，心里都经历这样一个过程，因为不是最好，所以必须努力；因为不是最好，所以还要继续勤奋勤劳；因为不是最好，所以我们还要向别人学习；因为不是最好，没有达到客户和各方面对我们的期待，所以我们还要继续跟别人合作，不断努力改进工作，改进产品，改进服务。我们每年这么个轮回，通过这样自我进步的过程，这样保证我们即使遇到同样的困难，不犯同样的错误。我们改进得比较早，我们改进得比较自觉，而且发自内心，自己来改正这些问题，所以我们才能逐步走到一个比较持续、健康、安全的道路，使我们企业能够在整个行业和发展当中取得一个比较主动的位置。

现在这么多年形成的传统，使得每年一到 9 月份过生日的时候，大家都很紧张，就想今年要反省什么呢？然后开始找自己的问题，这样的话我觉得的确会形成一个心理传导的机制，每次到反省日都觉得自己做得好差，别人都做得那么好，我觉得还要再努力。过去叫学而后知不足，现在是反省后知差距、知方向、知动力、知努力，变成这样一个自我鞭策的过程，也希望变成咱们公司人的真正一种作风、习惯和行为，然后这种习惯逐渐变成一种美德。

……

反省以后，未来我们的条条框框可能会比较多，程序、纪律、流程，这些东西会让你感觉到在奔跑的时候

被绊倒，但是它的好处是整体组织的安全，所以我们现在有两种效率观，一种叫点上的效率，一种叫系统的效率。㊀

冯仑认为，反省是万通的生存密码。回顾万通的发展历程，公司遇到的重大问题，实际上在前期的反省日中都有反省到。而且通过反省日这一方式，万通高层的决策上有根本性的改变。

复盘，作为一种做事方法，是个人和组织能力提升的加速器，是看清问题的透视镜，是发现答案的探测针，是新知识和新认识的发生机，是高傲自满的终结者，是错误想法和做法的纠偏仪。

每进行一次复盘，都是对自己思维的一次训练。柳传志说："当我们复盘得出的结论被应用在工作中并取得成效，我们将感觉到巨大的成就感和幸福感。"

㊀ 风马牛，2012-9-13。

第 3 章

复盘的三种类型

复盘有三种类型：自我复盘、团队复盘和复盘他人。

自我复盘可以随时进行，是个人获得成长的方便手段。团队复盘可以让复盘主导人和成员获得成长。复盘他人，则能够利用他人的事件让我们不花成本就获得成长。复盘他人的一种重要类型是复盘标杆。

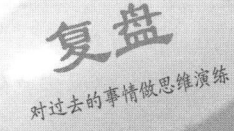

根据复盘参与人员的不同,可以将复盘分为两种类型:**自我复盘和团队复盘**。自我复盘是自己一个人对事件进行复盘;团队复盘则是有一个小组,由多人一起共同对某件事情进行复盘。

不管是自我复盘还是团队复盘,常见和常做的是对自己做过的事情进行复盘,其实,我们也可以对其他人如竞争对手做过的事情进行复盘,这被称为复盘他人。复盘他人的一个重要类型是对标杆复盘。

因为人们总是习惯于复盘自己做过的事情,因此,在这里将复盘他人单独列出来,与自我复盘和团队复盘一起,并称为复盘的三种类型。

自我复盘可以随时进行,是个人获得成长的方便手段。团队复盘可以让复盘主导人和成员获得成长。复盘他人,则能够利用他人的事件让我们不花成本就获得成长。

自我复盘

"这个竞争对手不用考虑。这次我们赢定了。"坐在客户的办公室,参与竞标的某公司总经理何欢对同伴说。

"为什么呢?都还没开始讲呢,你怎么这么有把握?你拿到了对方的方案?"他的同伴问道。

"瞎扯,你跟我这么久,见我干过这种没品味的事情吗?你不觉得他眼熟吗?"何欢问。

"好像是跟我们一趟飞机过来的。"同伴说。

"是的,就是跟我们一趟飞机过来的。你还记得在飞

第3章 复盘的三种类型

机上以及落地后他的表现吗?"何欢问。

"好像因为空姐不小心洒了点水到他身上而不依不饶,不停地让空姐为自己换食物,突然间哈哈大笑吓人一跳。飞机落地后,认为客户安排接待的车辆档次低,不符合自己的总经理身份而一度拒绝上车。大概就这些了吧?"

"差不多。一点小事一惊一乍,可见没有定力,不是什么做大事的料,也不会多有水准。"何欢说。

投票结果出来的时候,何欢和同伴相视而笑,7:0,七个评标人全都投给了自己这边。完胜。

这个简单的对话过程,不但完成了一次复盘——对飞机上以及落地后对手的表现进行回顾和探究,更通过这次复盘,看清了竞争对手的习性,并对事情的未来发展进行了预测。结果则验证了预测的结论,也证明了复盘的可靠性。

自我复盘,可谓是念随心转,可以是收放自如。

自我复盘是一种最简单、最具操作性的复盘方式,它不受时间和空间等外在条件的限制,也不受事情本身进展的约束,只要我们自己愿意,只要形成习惯,就可以随时、随地、随意地进行复盘。一闪念,一回想,一反思,一对照,一总结,都可以是复盘。而它也不否定那种正式的复盘,个人依旧可以找一个宁静的空间,对某件事情进行完整的复盘。

如果在自我复盘的过程中能够借助高人的指点,那么就可以超越自己的层次,在一个更高的层面看待问题,自我复盘的结论也将更加可靠,也可能会复盘出更多的结论,也更有可能提升自

● **复盘：** 对过去的事情做思维演练

己的能力，获得意想不到的收益。这就是围棋选手为什么希望请高手给自己复盘以及观看高手复盘的原因，因为这比自己单独复盘能够更快地提升自己的思维境界，提升棋力。

　　罗伯特·西奥迪尼在自己的畅销书《影响力》中曾经讲过这样一个简单的复盘故事。他的一个做印度珠宝销售的朋友，为一批绿松石珠宝愁烦不已。这批珠宝物超所值，但就是怎么也卖不出去，无论她想尽各种办法，珠宝就是动销不起来。在一次出城采购的头天晚上，她给营业员留了张字条，上面写着将珠宝降价50%。等她采购完毕回到商店，她高兴地发现这批绿松石珠宝确实销售一空。让她诧异不已的是，由于没有看清楚字条上的笔迹，营业员是以 2 倍的价格将珠宝卖掉的。在将这件怪异的事情请教了罗伯特·西奥迪尼之后，她意识到，这是因为人们在自动启用"昂贵=优质"公式的结果。自此之后，她经常有意识地使用"昂贵=优质"的公式。在旅游旺季，为了尽快卖掉哪些不好销的珠宝，她采用的第一个策略就是大幅提价。通过这种方式，她从那些毫无戒心的观光客身上获得了巨大的利润。⊖

　　通过对一件不合常理的事情复盘之后，罗伯特·西奥迪尼的珠宝商朋友找到了生财有道的简单实用办法。其实，罗伯特·西奥迪尼自己，也通过自我复盘，更加清楚地认识到了"互惠"原理如何发生作用。

　　　　有一天，我正在街上走着，迎面过来一个十一二岁的男孩。他先做了一番自我介绍，然后问我要不要买几

⊖ 罗伯特·西奥迪尼. 影响力[M]. 陈叙，译. 北京：中国人民大学出版社，2006。

第 3 章 复盘的三种类型

张周六晚年度童子军杂技表演的票,5 块钱一张。我对这种事情向来没什么兴趣,因此婉言谢绝了。"哦,既然你不想买杂技表演的票,"他说,"那要不要买几块我们的大巧克力?只要一块钱一块哟。"我买了两块,同时立刻意识到事情有点不对劲,因为:① 我不喜欢巧克力;② 我不喜欢随便花钱;③ 我站在那里,手里拿着两块他的巧克力;④ 他拿着我的两块钱走掉了。

为了搞清楚刚才到底发生了什么,我马上回到办公室把我的助手们召集起来开会。在讨论的过程中,我们开始明白互惠原理是如何让我同意购买那个小男孩的巧克力的了。广义地讲,互惠原理说的是如果一个人对我们采取了某种行为,我们应该以类似的行为去回报。我们前面已经看到,这个原理产生的一个结果就是,我们有义务回报我们所得到的恩惠。然而,这个原理产生的另外一个结果是,如果他人对我们作出了让步,我们也有义务作出让步。想到了这一点,我们意识到那个童子军对我采取的就是这种手段。当他要我买一块钱一块的巧克力时,他已经作出了一个让步,因为与他让我买 5 块钱一张的票相比,这的确是一种让步。如果我按照互惠原理的指示行事,我就应该作出一个让步。正如我们所看到的,我的确作出了让步:当他的要求由大变小时,我由拒绝变成了顺从,即使我对他提供的两样东西都毫无兴趣。[⊖]

[⊖] 罗伯特·西奥迪尼. 影响力[M]. 陈叙,译. 北京:中国人民大学出版社,2006.

罗伯特·西奥迪尼将这种互惠原理的简单技巧称为"拒绝—退让"策略，并在随后的研究中，设计了不同的实验来验证这个策略的有效性，证明了该策略的强大威力。而其他人随后的实验则发现，这个策略要发挥作用，关键在于第一个请求不能太极端、太无理，提出要求的人不能被人认为没有诚意。这就将关于互惠原理的理解推进了一大步。

在与罗伯特·西奥迪尼有关的两个案例中，他们两人都避免了自我复盘中一个常见的大问题：不会记录，更不会应用。他们都在迅速应用复盘得出的结论。珠宝商的应用，让自己获得了巨大的收益；罗伯特·西奥迪尼的应用，让自己发现了互惠原理的另一面：拒绝—退让策略。

自我复盘有时候因为很简单，是一闪念一回想的过程，往往容易得过且过：得出了一个结论或者是认识，事情想通了，心里高兴了，也就放下了，然后做其他的事情去了，这个结论或者认识很快也就过去了。等到下次遇到同样的事情，犯过的错误可能一犯再犯，这就是为什么有些人会将事情一遍遍地重做。

所谓好记性不如烂笔头，因此，当复盘有所收获的时候，第一个要做的事情，就是立刻拿出纸笔，或者是在电脑上，记下自己的所得，如果有可能，还应该详细记录下思考的过程以及得出结论的事项。这样，即使过了一段时间再回头看，还是可以追溯到当时的逻辑，而情景的记录也有助于加深对复盘结论的印象。

除了要注意记录之外，还要注意对复盘得出的规律加以应用。不应用，得出的规律就仅仅是以一种知识的形态呈现，而没有转变成价值。这就像你经过千辛万苦拿到了倚天剑屠龙刀，你却将

第 3 章 复盘的三种类型

它束之高阁，这不但让你之前努力的价值打了折扣，也是在暴殄天物，浪费了倚天剑屠龙刀的价值。等到你想用的时候，很可能它们都已经锈迹斑斑不可辨识，甚至是变成了废铜烂铁，连一柄普通刀剑都不如了。

复盘中得出的规律没有得到应用，有规律本身的适用性问题，我们当然不能用一个解决物流的经验来指导库存，但是，更主要的原因，还在于没有形成应用的习惯，对于企业来说，则是没有形成应用的文化。这更多的是一个熟能生巧的问题，可以通过训练加以解决。2011年，联想在全球推行复盘的时候，就在培训资料中特别要求，员工在接受培训之后，要进行自我复盘，讲述自己的复盘故事，不要将复盘得出的文档放在自己再也不会看一眼的地方，而是一旦通过复盘得出新的观点和规律，就要添加到复盘文档中去，应用到自己的工作中。这就是所谓的"与复盘同呼吸共命运"（live and breath with FuPan）。

自我复盘中一个更大的问题，是复盘者的自我欺骗，自己骗自己，不能无情地复盘自己。柳传志说："通过复盘总结经验教训，尤其是失败的事情要认真，不给自己留任何情面地把这个事想清楚，把事情想明白，然后就可以谋定而后动了。"㊀

复盘很多时候意味着对以前做法的否定，而在很多人看来，这也就是对自我的否定，如果以前特别成功的话，这种否定就更加困难。不是自信心特别强的人，或者是特别求实的人（这也是为什么联想将"实事求是"作为核心价值观的原因），要做到这一

㊀ 李学梅. 收获挑战复盘——柳传志诠释联想成功奥秘. 新华网，2010(11)。

点，不但难，而且很痛苦，谁愿意承认自己是一个能力不行的人呢，即使说的只是过去。

2012年1月29日，世界上最大的影像产品商美国柯达公司在纽约向法院提出申请破产保护，一代影像巨头在数码时代败下阵来，让很多人唏嘘不已。其实，柯达并不是不知道数码时代已经到来，最初的数码相机还是柯达研发出来的，但是，面对着胶卷时代的巨大利益，柯达迟迟不愿放弃自己在胶卷方面的利益，不能全心全意转向数码产品，期望通过柯达数码冲印店这么一个小的创意来承载柯达在数码时代的命运，自然难以如愿。等到它举步维艰想要彻底转型的时候，市场已经不给它机会了。

自我复盘因为纯粹依靠自己，缺少外界的监督，只能依靠自己的内心，依靠自己求实求真的愿望。一旦愿望不够强烈，或者内心稍微有点不真诚的念头，复盘的程度不够深入，得出的结论就可能是错的，找到的原因可能并不是根本性的。更有一种人，复盘于他们不是发现规律、提升能力的工作方法，而是为自己寻找借口的手段。通过不真诚的复盘，他们觉得事情不成功都是其他人的错，都是外界的错，所有的问题都来自他人，自己是一个受害者，他们习惯做的是抱怨，成为喋喋不休的祥林嫂，终日沉湎于抱怨的世界中，自欺欺人，最终被淘汰。

真诚的复盘，一定是"无我"的，放空自己，然后可以找到问题的真正根源，发现改进的措施，进而提升自己。

2011年，微博成为最火暴的自媒体，新浪在其中一枝独秀。丁磊在谈到微博机会的时候，就说自己犯了个错误，一开始认为微博不靠谱，但是后来智能手机的出现改变了他的看法。而张朝阳则认为，搜狐在微博上面也出现了重大的失误，在微博上的犹豫导致投入不足，因而在产品功能、市场推广和商业运作上，都无法与新浪微博相媲美。张朝阳决定，自己亲自抓微博业务，要么辉煌，要么毁灭。

复盘主要的不是程序，而是一种习惯。如果复盘成为习惯，像联想要求员工的那样"与复盘同呼吸共命运"，那么，任何时间、任何地点、任何事件，都是一个学习提高自己能力的机会。

团队复盘

团队复盘有人员的要求，一般是多人，因而就带来场地的要求，必须有一个能容纳多人且不受打扰的场地。此外，还带来时间的要求，每个人都有自己的工作，要在同一时间出现在同一场合，就必须协调各自的工作安排。不管是场地还是时间，背后牵涉到的，其实是成本。因此，团队复盘不能也不应该随时随地进行，而是在项目结束之后、项目的关键节点、出现了重大疑问的时候进行。

团队复盘是一个有很多人参与并期望得出"真知"的会议，它是讨论会而不是宣讲会。宣讲会由宣讲人对主题进行传达即可，但讨论会需要大家各自发挥自己的聪明才智，然后才有可能得出大家认可并接近事情真相的认识。讨论会要开得富有成效，在全世界都不是很容易的事情，需要很多开会的技巧。稍有不慎，讨论会要么因为无人愿意发言变成主持人的自弹自唱，要么变成争论会，两者都可能造成团队复盘的一无所得。

> **复盘：** 对过去的事情做思维演练

  我曾经参与过一个咨询公司对一次投标失败的团队复盘会，当项目经理讲完会议的目的并叙述完从接到邀标信息到投标结果公布的过程后，他要求参加会议的人自由发表自己的看法，谈谈自己对投标失败的认识。他的目光从左看到右，然后又从右看到左，来回了大概两三次。没有人与他的目光对接，有的人将头埋下若有所思，有的人目光呆滞，有的人用手里的笔涂涂画画让人感觉他好像正在记录自己的心得，有的人趴在桌子上什么都不做，但是就是没有人主动发言。空气中充满着静默，人人心头都慢慢升腾起一种奇怪的感觉，似乎时间在那一刻停滞了。过了大约 1 分钟，经理没有办法，硬性地规定按照从左到右的顺序发言，轮到的下一位，经理就直接点名。每个人都说着自己的话，没有人对其他人的话提出质疑，也没有回应，都把发言当成击鼓传花游戏中那朵讨厌的花，轮到自己了，就赶紧说两句，然后将发言的机会传递给下一位，自己就解脱了。

  不仅仅是层次低一点的会议上大家不愿意发言，在高层领导的会议上，主动发言也不是一件顺畅的事情。这在中外皆然。惠普前女 CEO 卡莉·菲奥莉娜曾经提到过，自己在参加一次高层会议的时候，很多人也不愿意发言。在会议中，大家都想看别人说什么，然后自己好调整思路，掌握主动。

>   他们没有真正在一个战场上打拼过，虽然他们很友好，但是并没有战友之间的那份亲密。他们很礼貌，但是并不坦诚。没人会直接反驳别人，但其实每个人的脸上都写着愠怒，会后又会跟我打别人的小报告。在公开

第 3 章 复盘的三种类型

讨论会上，如果我提出一些直接问题，大家会缄默不语，这倒给我上了一课，这种直接讨论最好一对一进行。[1]

卡莉总结说，表现不佳的官僚结构最后总会表现得一团和气。如果说不发言是一个极端的话，那么，它的对立面闹哄哄的争论就是另外一个极端。它在讨论会上也常见，这主要出现在责任认定的时候，每个人都会尽可能地发言，而且是抢着说，甚至还会不顾礼貌地打断他人说话，目的一般是为了证明事件的责任不在自己和自己的团队身上。比如下面这个就年终亏损所做的复盘。

销售经理说，今年公司销售业绩不好，并不是我们销售部门的员工不努力，而是因为与其他公司相比，缺少新产品，缺少让消费者眼前一亮的好产品。其他公司都是一个月上市一个新品，我们呢，三个月上市一个，这仗我们销售部没法打。设计部门说，我们今年确实没有推出多少新品，但是因为我们的研发经费减少了，很多实验也做不成。批我们那么一点经费，能够三个月推出一个新品，我们已经尽到了最大努力。财务经理说，研发经费是比以前要少一点，但那是因为采购部的采购经费挤占了研发经费，我是辗转腾挪左支右绌才能提供这么多研发经费的。采购部经理说，我们花钱多，是因为原材料都涨价了，还是制造原来那么多产品，原材料的费用要比原来多。采购经费不变，那就只能减少生产

---

[1] 卡莉·菲奥莉娜. 勇敢抉择[M]. 蒋旭峰, 译. 北京：中信出版社，2007。

数量。为什么原材料会涨价呢？众人问。采购经理说，因为俄罗斯的一个矿山发生了地震，导致市场供应减少了。哦，众人无言。

之所以出现静默与闹哄哄这种看似矛盾实则一致的现象，与我们接受的文化有关，与复盘文化有关，也与对会议的认识有关，还与会议的角色分配和流程也有关系。要想进行一次有价值的团队复盘，必须对这些关联的因素有清楚的认识。

中国人接受的文化教育，不主张个人太过于表现自己，所谓枪打出头鸟、出头的橡子先烂等俗语，都告诉我们，做人要老成持重，不要轻易地发表自己的看法。那种积极发言的行为，会被认为是轻佻轻浮的，他的观点也会因此逊色很多，即使是真知灼见，也似乎要稍减几分光彩。

中国文化中的另外一些特点，则会使得观点的交锋几乎不可能，很容易从观点的交锋转变成人品的指责，然后变成"你死我活"、"有你无我"的纠缠不清。大多数人在争论的时候，不管开始时争论的是什么，争论来争论去，最终都会回到人品的争论上，事情的对错变成人品的好坏，好像只要人品好，一切就都好。可以说，中国人几千年来，都没有找到一种正常的辩论文化，不知道在不影响控辩双方关系的基础上，如何就事论事。

有人曾经在中国和美国的论坛上发表了一个帖子，咨询作为一个金融专业毕业的学生，是去投资银行好一些还是去证券研究所好一些。随着讨论的深入，他发现了一些有趣的变化。在美国论坛的帖子中，人们会告诉他，投资银行和证券研究所一般是做

第3章 复盘的三种类型

什么的，收入是多少，适合什么样的人群。咨询人可以参考这些内容，根据自身的特点，选择合适的去向。但是在中国论坛的帖子中，到后面，就变成了谩骂。有的人说，你在投资银行待过吗？投资银行就这点钱，你是在那扫地吧。有人回复说，我是在那扫地，你还没资格去扫呢。有的人说，证券研究所好什么好，只有书呆子、宅男去才合适，我都怀疑去的人是变态，等等。

这种影响，存在于每一个中国人身上，留下了抹不掉的印迹，因而在团队复盘中也会自动发生作用。但是，这种影响毕竟比较抽象，并不是决定性的。大环境的问题，还可以通过小环境的改善来解决。企业可以通过自身努力，克服文化传统的不利影响，形成一个好的团队复盘文化，这也就是有价值的复盘为什么能够在联想等中国企业出现并持续的原因。也就是说，与中国传统文化这个大环境相比，一个不好的团队复盘文化只是一种小环境，更应该为团队复盘的失败承担责任。

一次失败的团队复盘，很大可能不是因为这次复盘本身的因素，而是缘于企业的复盘文化的问题。要想将团队复盘变成一次"胜利的大会、团结的大会"，企业就必须形成正面的复盘文化。**团队复盘，不能流于形式走过场，不能是秋后算账的大会，不能是强调客观推卸责任的大会，不能是寻找替罪羊批斗的大会，而应该是探寻真相求知求真的大会，是观点和思路交锋的大会，是验证逻辑的大会。**这样，参与团队复盘的人才不会忙于互相指责、推卸责任，也才能够将关注点集中在事情上，而不是将注意力放在其他人身上，更不是将精力和思想放在如何摘清自己、为自己寻找安全着陆点上。要在企业中形成共识和规定，任何一次复盘，参与复盘的每个人都是安全的，复盘是为了得出规律性的认识，为了以后更好地开展工作。

一个好的复盘文化，能够有效减少山头的影响。山头几乎是企业中的必然现象，科层组织结构的划分，就天然地让不同的人具有了不同的山头。因为划分到同一个部门的人，有天然的共同利益存在，这就为山头的出现奠定了物质基础；而他们相互之间的联系也更为密切，这就为山头的出现提供了组织保障。这还只是显性的和不紧密的山头。

每个人都有自己的个人偏好，也有追求安全感和心理舒适感的需要。在企业这样一个有很多人的地方，遇到与自己脾气相投的人，相互之间的心理距离立马拉近，形成超越普通同事关系的朋友关系。而为了保护自己的利益，人们之间也可能会结成相互支持的同盟，于是形成隐性的和紧密的山头。

不管是显性的和不紧密的山头，还是隐性的和紧密的山头，在不好的复盘文化激发下，都可能表现出为自己的"山头"辩护的倾向。对于显性的和不紧密的山头来说，这种辩护可能是公开的，因为它有部门这个合法性的外衣。为自己的部门辩护，不但不会被别人指责，事后反倒还会被部门领导表扬，会在待遇上被给予倾斜，甚至他的辩护这一行为本身还可能在不同部门间传播，因为每个部门领导都希望本部门的成员为本部门辩护，只有这样，部门才能避免伤害，在企业中争得更多资源。而对于隐性的和紧密的山头来说，这种辩护就要微妙得多，因为他不能被人发现是在为山头辩护，同时，又要为山头争取到利益。这种辩护，一般都是以掩护和维护的面目出现，比如说对同一山头的观点提供一

第3章 复盘的三种类型

些佐证,对于他人对本山头成员的指责进行反驳,或者对某些行为提供一些动机性的解释,或者揽下一点责任让事故变得人人有份从而不指向具体个人,等等。

2005年,笔者曾经在一个公司的中层会议上看到这种隐性山头的人相互之间的掩护,那是笔者第一次真实观察到这种现象,所以至今一直印象深刻。

那是一家不大的咨询公司,大约只有50人,但是,它的组织结构却是矩阵式的,有业务流程的划分,如知识研究部、品牌推广部、销售部和项目实施部。同时,公司还根据咨询领域的不同划分了不同的事业部,比如企业文化事业部、人力资源事业部、战略咨询事业部、集团管控事业部等。此外,还根据行业的不同划分了不同的部门,比如电力事业部、烟草事业部、电信事业部等。这样,整个组织结构就显得复杂和多变,当然,从节约成本的角度来看,这种组织结构确实是有所帮助的,因为不同的人,一会儿可以是人力资源事业部的人,一会儿又可以是烟草事业部的人,这避免了招聘多个人支付多个人工资的现象。

公司中层有8个人,其中的两个人,我们姑且称为A和B吧,是业务流程上下游部门的主管,A负责知识研究,B负责知识研究之后的方案推广。知识研究被公司视为是核心竞争力所在,它发现市场机会,提出咨询模型,同时也制造一些概念,供方案推广部门有话可说。方案推广部门则通过一系列的营销手段,把公司的咨询能力和咨询业务告知社会，扩大公司的影响，塑造公司的品牌。这两个部门虽然都是花钱的部门，但是它们的重要性不言而喻，没有它们，公司无法实现咨询领域和咨询工具的创新，也无法找到新的业务源。正因为如此，老板对这两个部门的工作非常关注，选派的负责人也是自己一手带出来的得力干将。

在会议上，老板问B，为什么公司4月份要推广的咨询业务的相关概念没有在平面媒体和网络上出现，也没有媒体就这个概念来采访自己，媒体上铺天盖地的却是竞争对手对这个概念的解读。公司本来是这个概念的首倡者，现在不但无人知道这一事实，甚至在他人的眼中竟然变成了跟风者和二道贩子。

在老板的逼视下，B不禁有点头皮发麻，眼神也开始闪躲。正在大家等着B说话的时候，A说话了："嗨，这个事情也怪我。当时公司独创性地提出这个概念后，我认为为推广形成的资料还不够完备，所以就让推广部门暂时晚几天跟媒体联络，准备做一个完善的版本。不想在我们修改的过程中，竞争对手已经先一步推广了，我就想形成一个更新的比他们更好的版本出来，这样媒体才会更有兴趣，也才可能扩大我们的影响。谁知道这次对手是一个有预谋的整体长期方案，它们也在一步步地变，于是我们只能一步步地追，变成时间上一步步拖，所以现在月底了也没有进行推广。"

趁着大家关注A说话的时候，B也整理了下自己的

第 3 章 复盘的三种类型

思路。"本来我们提出这个概念的时候,媒体还是很有兴趣的,也有一些媒体联系过想采访老板您。但是在联系的过程中,竞争对手开了一个发布会,行业媒体的记者被邀请去了,因此登载的都是它们的信息。我们中途也将修改后不完备的方案给过媒体记者,他们说没有新意,不好报道。在网络上,我们也发了一些文章,包括您的专栏和相关的论坛等,但因为不是最新的观点,因此也没有产生多大的浪花。"

随着 A 和 B 两个人的发言,其他的中层人员也纷纷开始说话。期间 A 又说:"从这个事件来看,好像竞争对手的推广策略已经改变了,更加系统化了,这个趋势是不是应该引起我们的关注?"

老板说:"A 说得非常对,B 你要注意多关注下他们的动向,再不能出现类似这次的事情。"

一次关于推广事件的回顾,最后既不是 A 的责任也不是 B 的责任,而是变成了竞争对手的责任(因为竞争对手的方式方法变了事情才没完成)。A 分担了 B 的责任,分散了老板对 B 的火力,而 B 则为 A 的做法提供了注解("他们说没有新意,不好报道""不是最新的观点,因此也没有产生多大的浪花"),说明了 A 的想法和做法的正当性,也就间接消除了 A 的责任。

但真相是什么呢?真相是,A 早已将相关的资料提供给了 B,只是 B 当时忙于办理出国的各种手续,把这件事情给忘记了。在后来的多次会议中,我还观察到 A、B 之间的掩护和佐证,以及他们一起攻击其他的人。A 和 B 之所以结成隐性的山头，除了个人偏好比较一致外，更多的是外力作用，因为他们掌管的都是花钱的部门，不产生直接的收益，因而时常被"带回猎物"的事业部指责，为了自保和对抗，自然而然形成了相互帮衬的山头。

好的复盘文化，将使得大家不是针对他人，而是针对事情。这样，"他人即地狱"的情况不会出现，相互之间的指责和防备之心就失去了存在的基础，如此才能更好地进行复盘，真正发挥复盘的作用，重新把做过的事情过一遍，从而发现问题，挖掘原因，找到规律。

好的团队复盘，还有赖于参与人员之间不同的角色扮演。因为人多，且在复盘的事情中所处的位置也不同，因此，就需要对参与复盘的人进行分工，不同的人承担不同的角色，不同的角色承担不同的职责，不同的职责完成不同的任务。

一般来说，团队复盘中存在三种角色：引导人、设问人、叙述人。引导人主要是为了保证复盘的顺利进行，避免讨论偏离团队复盘设定的方向；设问人则通过自己的提问，引导大家的思考；叙述人则叙述所需复盘事件的情况，同时回答设问人提出的问题。设问人和叙述人，并不是完全固定的，有时候可以相互转化。（具体见"第 4 章 复盘中的三种角色"）

其实，在个人复盘中并不是没有角色划分，只是因为复盘的事情由自己主动进行，且没有外界其他人转移话题，一个人就能够按照自己的意图进行复盘，其实是集引导人、设问人和叙述人三种角色于一身。

团队复盘还必须遵循一定的流程和步骤，这样才能一步步将

第 3 章 复盘的三种类型

复盘引向深入,而不会变成漫谈的茶话会。

从大的流程来看,联想集团将复盘划分为 4 个步骤:回顾目标、评估结果、分析原因、总结规律。在本书中,划分得更为细致一些,分为 8 个步骤:① 回顾目标;② 结果比对;③ 叙述过程;④ 自我剖析;⑤ 众人设问;⑥ 总结规律;⑦ 案例佐证;⑧ 复盘归档。不过,这 8 个步骤的逻辑框架跟联想集团的划分方法一致,只是更加细化,也更加可具操作性一些。(具体见"第 7 章　复盘的步骤")

在一个好的团队复盘文化的笼罩下,遵循一定的复盘流程,每个人都承担好合适的角色,一个成功的团队复盘是可以期待的。

复盘他人

一般来说,个人可以进行自我复盘,组织可以进行团队复盘,但是,还有一种不为人们所关注的复盘类型,那就是复盘他人。个人和团队都可以复盘他人。

所谓他山之石,可以攻玉。**复盘他人,从他人做的事情中获得经验和教训,这是一种非常"划得来"的事情,因为所复盘的事情你并没有真正花成本去做,是别人用资源在你面前"演练"了一番。**

复盘他人分为两种类型,一种是纯粹复他人的盘,看谁哪件事情做得好,或者做得差,自己试着进行复盘,找出做得好或者差的原因,并找出做得好的关键和规律,以便自己做的时候,能够有一个好的结果。这可以说是用他山之石,磨自己的刀。

另外一种是对比复盘。就是自己做了一件事情,对手也做了件差不多的事情,两者对比复盘,比较下自己和对手不同的做事思维、不同的着力点,别人哪里比自己做得好,哪里自己做得比别人好,最终效果有什么差别,为什么他人将着力点放在某个地方而不是其他地方。通过这样的对比,可以找出差距,发现行业的关键成功要素,得到对消费者更深层次的理解,透彻把握行业的规律,最终可以获得关于行业和业务的"直觉和本能"。

20世纪90年代,电脑开始越来越多地进入寻常百姓家。由于各种各样的原因,国内的电脑厂商占有的市场份额一直很低。联想通过对比复盘发现,外国厂商总是先定高价,然后一步步将价格降低,以便获取最大利益。而同时,电脑行业的摩尔定律开始发生作用,每过18个月,芯片的功能会提升一倍。换句话说,同样的价钱,在18个月之后,能买到更高的性能。而这个规律作用在市场上,就是如果能够尽快地消化库存,那么就会在市场上赢得先机,因为那些来不及消化的库存,将因为摩尔定律砸在手里,因为到了后面,能用同样的价钱买到更好的性能,就没人会选择性能低一倍的机器了。发现了行业的规律和外国厂商的行为,联想采取了价格战的做法,一步将价格降到位,连续率先推出万元以下的电脑、5000元以下的电脑等突破消费者心理底线的产品,将外国厂商打得措手不及,彻底改变了中国个人计算机市场的竞争态势,从而迅速扩大市场份额,一举成为中国市场个人计算机第一品牌,为后来联想集团与戴尔公司的大战、收购IBM个人电脑事业部等奠定了坚实的基础。

复盘他人最有效的一种类型是复盘标杆。标杆往往是做得最

第3章 复盘的三种类型

好的组织或者个人。他们之所以做得最好,肯定是有原因的,运气有可能带来一次两次的成功,但无法让你成为标杆。复盘标杆,对标杆做的事情进行复盘,看清他们的行为,认清他们的想法,通过思考他们行为背后的逻辑去追寻行业或者事情的本质和规律,可以比较快地帮助我们接近真知。这跟围棋中复盘高手或者请高手帮助复盘有异曲同工之妙。

在中国的企业界曾经出现过一次多元化的大尝试,很多著名企业都在主业之外开拓新的业务,比如海尔做房地产,联想做FM365网站,万科做过超市。经过几年的尝试,很多多元化试验都失败了,但是,复星的多元化却蓬勃发展,在房地产、医药、钢铁、矿业等行业都获得了不错的成绩。

如果对复星的多元化进行复盘,就可以发现,复星之所以能够避开多元化陷阱,取得成功,最重要的一点是,复星采取"彻底的多元化、彻底的专业化"的战略。

彻底的多元化,是从投资角度说的,在进行产业投资的时候,将资金分布在不同的产业,获得不同产业成长的果实。彻底的专业化,是从经营角度说的,进入任何一个行业之后,都请最专业的人,做专业的事情,不往参股或者控股企业中"掺沙子"。

专业化和多元化,被人认为是水火不容的双方。提倡专业化的王石就曾经对复星的多元化提出过疑问。王石说,即使自己去爬山,也可以将精力全部放在房地产上,但是,郭广昌(复星创始人)既要关心房地产,又要在意钢铁,精力肯定会被分散掉。郭广昌也认可王石的假设,但是,他并没有在多元化的道路上停下来,因为他设计的多元化是一种产业投资的模式。这个模式轻松化解了多元化与专业化的矛盾，根本就不会出现王石所说的精力分散问题。

对复星这个多元化标杆的复盘，一定程度上让我们可以找到多元化的规律。标杆一般指的是正面做得好的，也可以对那些典型的、做得不好的事情进行复盘。吴晓波的《大败局》，就是对做得不好的典型进行复盘的一次经典尝试。

跟标杆学习，对比复盘标杆，这是很好的学习成长方式。

因为时间和注意力资源的稀缺性，必须将复盘的机会使用在最有价值的事情上，复盘他人一般是对竞争对手进行复盘，因为这是牵涉到生死存亡的市场竞争，只有在很少的情况下，才会作为一种学习方式对更广泛意义上的他人进行复盘。对竞争对手复盘之后，不同的企业根据自身的特点，会相应地调整自己的竞争策略。

复盘他人之后，第一种可能出现的竞争策略是跟风，这往往是弱小一方比如小企业或者是创新能力不足企业的首选。

加多宝通过"怕上火喝王老吉"的定位，将凉茶这一广东的地方产品在全国卖得风生水起，不久之后，一系列的凉茶品牌就跟风而出，比如和其正的"凉茶要大气"。

我们也常常模仿那些成功的人，希望可以也由此获得成功，这就是现在人常说的"我的成功可以复制"，但事实是，从来就没有可复制的成功。

复盘他人之后，第二种可能出现的策略是借鉴，这往往是自有品牌且资源充足的企业所做的，它们不屑于跟风，但是从竞争对手的行为中得到了启发，从而提炼出不同的概念。

第3章 复盘的三种类型

利郎提出"商务男装"概念之后,市场份额从第五飙升到了第一。群豪受其启发,提出了"城市猎装"概念。这就是一种典型的借鉴。

复盘他人之后,第三种可能出现的策略是主动出击。这往往是有资源、有品牌、有能力的主体所采取的行为。它们因为资源的优势,有能力发起不同的风暴。

服务好,曾经是海尔的品牌。海尔维修人员进门穿鞋套、不喝用户一口水、走前收拾干净的故事,被很多人所熟知。但是有的企业,曾经做出这样的宣传,我们不需要服务好,因为我们产品的质量好,不会坏,用户用不着找人来维修。它们用一幅漫画来表现这一点:自己的维修人员翘着二郎腿高坐喝茶,某一品牌的维修人员东奔西跑地去给用户做维修,跑得满头大汗。

上述复盘之后的三种策略,都还是以竞争对手为主,围绕竞争对手的出招而确定自己的策略。它们并不是最佳的方式,因为还是在跟着对手走,并不是完全主动地从行业规律出发的思考。最有效的策略,是在复盘他人之后,把握行业的规律,抓住关键成功因素,从而获得最大的市场效益。联想通过这么做,成了中国个人电脑市场的第一品牌;而格兰仕,则通过这种方式,成就了世界上最大的微波炉品牌。

在20世纪90年代初,市场还处于卖方市场阶段,谁有产品卖谁就能发财。能制造产品的机器格外走俏,在全国掀起了一股生产线引进风潮。但是格兰仕却走了一条不同的道路,它们不是引进生产线,而是将国外的生产线买进来。通过购买生产线,格兰仕一方面获得了生产线,增加了制造能力,另一方面则消灭了其他人的生产线，消灭了它们的生产能力，掌握了生产的主动权。从而为成就世界微波炉第一品牌奠定了基础。

复盘他人的时候，要避免一种倾向：对他人的细节进行否定，以此否定他人，并进而肯定自己。这种只看见别人的"坏"而看不到别人"好"的倾向，会让我们失去向别人学习的可能。

复盘他人是竞争的一种重要思考方式。但是与自我复盘和团队复盘不同，复盘他人有一个天然的局限：信息不充分。

自我复盘和团队复盘，有一个很好、很自然的复盘方法——情境重现法。通过情境重现，可以回放当时做事情的所有信息，在这种信息的基础上，可以比较完备地进行复盘。但是复盘他人，情境重现法很显然不可行，因为别人做过什么，旁观者最多只能看到一个大概，而这还是别人给你看的，此外大量隐藏在冰山下的行为和思维，旁观者是观察不到的，因此，要采取情境重现法进行复盘是不可能的。

信息是思维的载体，信息既然已经不充分，再加上人的有限理性，对信息加工能力的不足，复盘他人得出的结论很可能是错误的。这个时候，需要采取的是另外一种复盘方法——关键点法。通过对一件事情进行关键点识别和分类，然后收集对手在关键点处的信息，重构关键点处行为背后的逻辑，从而实现复盘，得出比较符合真相的结论。（具体见"第5章 复盘的两种方法"）

复盘不仅仅是得出结论，而是要用这些结论来指导今后的行为，而每一个行为都是伴随着成本的，需要一定的资源去支撑。因此，我们对于得出结论，应该抱有小心谨慎的心态，不要急于追求结论。

第3章 复盘的三种类型

　　为了避免过快得出结论，一方面我们可以多次复盘，通过多次探讨来逼近真知。另一方面，我们可以对结论进行多方面的验证。通过交叉验证，降低结论出错的系统性风险。

　　为了让复盘更加有成效，避免复盘中各种错误认识的干扰，在复盘的时候，必须强调要对事不对人，将眼光放在所做的事情上而不是做事的人身上，**因为这个时候是解决事情的问题，而不是解决人员素质的问题**。如果人员不合适，可以在日后通过考核进行淘汰，再甄选合适的人才。

　　要形成复盘的文化。在复盘的时候，大家可以争论，拍桌子，只要不是针对人去的就可以。当然，能够好好说话更好。也不能过于小资，为了维护谁的面子而不说话甚至说假话。如果在复盘的时候大家一团和气，不说问题只说成绩，那就说明文化出了问题。

　　如果我们能够避开联想所说的5个复盘误区——自己骗自己，不能无情剖析自己；流于形式，走过场；追究责任，变成批斗会；强调客观，推卸责任；太急于得出结论——形成了好的复盘文化，我们就可以实现联想所倡导的"5求"：求真（重在实事求是）、求实（重在内容和找原因）、求学（重在改进和提高）、求内（重在反思和自我剖析）、求道（重在找到本质和规律）。

第4章

复盘中的三种角色

为了保证复盘的顺利进行,有三种职能必须由人来承担:一种职能是引导,保证复盘按照正确的流程进行;一种职能是设问,通过不停地追问来引发思考,进而得出结论;一种职能是叙述,对事情的发展过程进行情境重现,对别人提出的问题进行回答,在解答疑问的过程中去除迷思,接近规律。

于是,在复盘中,就出现了三种角色:引导人、设问人和叙述人。

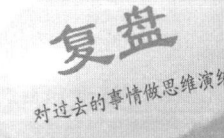

第4章　复盘中的三种角色

为了保证复盘的顺利进行，有三种职能必须由人来承担：一种职能是引导，保证复盘按照正确的流程进行；一种职能是设问，通过不停地追问来引发思考，进而得出结论；一种职能是叙述，对事情的发展过程进行情境重现，对别人提出的问题进行回答，在解答疑问的过程中去除迷思，接近规律。

于是，在复盘中，就出现了三种角色：引导人、设问人和叙述人。

在自我复盘中，引导人、设问人和叙述人三位一体，由进行复盘的个人进行把控。在团队复盘中，引导人、设问人和叙述人应该有明确的区分，尤其是引导人，必须加以明确，而设问人和叙述人，根据复盘的阶段和复盘的事件，身份可以发生转化，甚至叙述人在自己叙述之后，如果有了疑问，也可以变成设问人，提出自己的问题和思考，求得其他人的解答。在复盘他人的时候，可以根据收集信息分工的不同，在不同的复盘阶段和复盘事件中担任设问人或者是叙述人。

本文所讨论的三种角色，主要针对团队复盘而言。在团队复盘中，还有一个召集人，他召集大家来进行一次复盘，这也就是复盘的主导人。主导人在复盘之前承担召集角色，在复盘中承担引导角色，除非他指定其他的人担任引导角色。即使是主导人，在担任引导角色的时候，也要符合引导的规定性。

引导人

引导人是复盘中的重要角色，他的存在有助于维护一个正常的讨论氛围，保证讨论不会偏离复盘的主旨，也保证复盘能够按照既定的流程顺利进行。引导人引导参与人员按照正确的方向进行讨论和思考，得出结论。

引导人这一角色的职能定位，要求他既在复盘中，又在复盘外。

所谓在复盘中，是他要能够随时知道复盘中的逻辑发展方向，了解复盘已经到达的阶段，这样也就能知道复盘下一步的去向。

所谓在复盘外，是他不受复盘中的任何观点的影响，不关注观点的对错，只关注流程，只关注讨论是否在合适的框架内进行，而不判断讨论是否正确。

在复盘的过程中，引导人可以利用自己的权威性（程序的权威性，而不是观点的权威性）：① 引导一个议题的深入讨论；② 结束一个旧的讨论，开始一个新的话题；③ 宣布复盘结束。

当然，这种程序的权威性并不是说引导人可以随意按照自己的意愿开始或者结束一个话题，而是说，复盘的进展步骤，很大程度上是由引导人来明确的。他的引导，必须建立在复盘过程内在的进展逻辑之上。否则，很可能引导人已经宣布复盘进入了下一个议题，但是对于前一个议题人们还有很多话没有说完说透，也有可能他们会提出异议和新的观点，继续进行前一个话题的讨论。这样的情形如果在一次复盘中多次出现，引导人将失去程序的权威性，也就失去了对复盘进程的引导能力，复盘将很可能回到自由漫谈的境地，得出有价值结论的可能性将急剧下降。

第4章 复盘中的三种角色

谁可以成为引导人

一般来说，职位高的人具有担任引导人的天然优势。由于科层制度的原因，相对于职位低的人，职位高的人已经被赋予了最终拍板权。这种日常企业生活中的权威性，也必然会带进复盘之中，使得职位高的人，其话语具有更大的影响力，也就更能决定复盘的进程。

任何一个企业中的人都熟悉这样的场景：在企业的讨论会或者总结会上，如果没有专门负责流程的人，那么，只有会议当中的最高职位者才会说下面这些话："我们现在开始休息5分钟"，"现在我们进入下一个议题"，"我看这个事情就讨论到这里为止吧"，"大家对这个问题还有什么要说的吗"，"小宋，你来谈谈对于这个事情的看法"，"吴科长，你怎么看这种观点"，"我们总结出来的东西反映了真实情况吗"，等等。

这些都是流程性或者结论性的话，只有当场职位最高的人才有自信去说，其他人都心照不宣尊重他的这种权威。其他人不会傻到说"上午就到这里，我们去吃午饭，吃完午饭下午继续开始"。如果有人真的这么说，会被人看作职场怪物，大家都会觉得莫名其妙，觉得这人怎么这么不知道规矩。如果是职场新人，则大家可能会对这种"幼稚"哄笑完事；而如果是职场老人，同时当场的"老大"心胸狭窄，他很可能会认为你要挑战他的权威，会因此而记恨你甚至在未来的岁月中给你小鞋穿。

如果你真的想要休息或者做什么，合适的话语应该是建议性的："老大，我们已经连续讨论了一个半小时了，是不是休息个10

分钟，大家也抽根烟或者上个厕所什么的，放松放松，然后也好有精力继续讨论？"

最终是否休息，还是要当场的老大拍板。而即使是建议性话语，大多数时候也是由级别相对较高的人或者相对有影响的人来说，企业普通员工一般不会这么愣头青，除非他的"品牌"已经在这方面出名了，或者有其他可以依靠的"实力"。

可见，职位高的人具有程序的决定权，具有引导流程的权威，这个基本上是一个职场通识，也算是职场潜规则了。但是，有时候，职位最高的人也许非常关注复盘得出的结论，也许想观察一下复盘参与人员的水平，也许想更深入地加入探讨，等等。总之，不管什么原因，他不愿意发挥职位赋予自己的天然引导职能，愿意将复盘的引导人职能让渡出去，这个时候，就需要另外找一个人来承担引导人职能。

这个引导人可能是职位高的人指定的，也可能是大家当场临时确定的；他可能是一个职位较低的人，还可能是一个办公室负责后勤的人员……不管他是如何产生的，也不管他是否参与过要复盘的事件，只要他被确定为引导人，那么，就应该尊重他引导人的身份，尊重他对程序的权威性，任何人都不能越俎代庖来决定复盘的流程，即使是职位高的人也不行。只要没有出现前面说过的不按照讨论的内在逻辑来确定流程的情况，就应该按照他确定的步骤进行复盘。

当然，被确定为引导人后，他并不必然就能够做好复盘的引导工作，他还必须具备相应的素质。

第4章 复盘中的三种角色

是引导，不是主导

引导人首先要明确的是，自己是引导人而不是主导人，因此，在复盘的过程中，自己是引导流程的进展而不是主导流程的进展。

一个简单的例子可以很容易说明引导和主导的差别。

自朱镕基总理开始，每年"两会"的总理记者招待会成为大家关注的热点。在招待会上，有这么几种角色：总理、翻译、主持人、其他的一些部门负责人。招待会一般是按照这样的流程进行的：① 招待会开始，礼仪小姐引导总理等人走进记者们等待的房间；② 主持人开始介绍参与招待会的人员；③ 主持人宣布总理答记者问开始；④ 主持人在总理回答完一个问题之后，点名其他的记者提问；⑤ 预定的时间到了，主持人宣布总理记者招待会结束。有时候，总理会无视招待会的时间限制，即使已经超时了，也会主动多回答一两个问题。

在这个案例中，那个负责流程的主持人是引导人，而总理则是主导人。

引导是顺着思维逻辑的方向进行引领，是一个顺势而为的动作。而主导，则是决定思维逻辑的方向，促使其发生。

好的引导人，他的话语都踩在思维逻辑发展的节点上，说出的话，无形之中暗合思维逻辑的发展顺序，让一切显得不着痕迹又恰到好处，浑然天成；而一个不好的引导人，则会时常干扰思维逻辑的自然流淌，使得讨论的转折显得生硬和刻意。

很多主持人，都有引导和主导不分的问题。引导和主导的不同，可以区分主持功力的深浅。很多主持人期望做强势的主持人，不想做主导人的"小媳妇",而要自己变成主导人,因此他们在专家或者权威说出一种观点的时候,自己要么也说出一种观点,要么对专家的观点提出质疑,认为这样可以体现自己这个主持人的知识和价值。他们将自己主持人的引导功能放一边,变成了一个与专家进行观点交锋的人。他们忘记了,如果是这样,他这个主持人的职能就消失了,主持人就没有存在的理由了,直接请一个观点相异的专家会更好。真正强势的主持人,其实不是要去表达自己的观点,而是通过自己的问题,通过自己的引导,步步推进,让专家自己去自圆其说或者是露出破绽。

引导人和主导人角色不分,最容易出现在职位高的人做引导人的情况下。引导人的程序权威和高职位给予的观点权威(在没有好的复盘文化的企业尤其如此),让引导人变成了兼具"裁判员"和"运动员"的双重身份,往往在不知不觉之间,让观点的权威替代了程序的权威,导致复盘的流程出现错乱。事件没有得到充分讨论,参与人不能够畅所欲言,复盘没有得出真正的结论。

普通员工担任复盘引导人的时候,出现角色错位,想越位做主导人的情况较少,如果出现了这种情况,则只需要大家安静1分钟,齐刷刷地看着他,他自然能够意识到问题所在,从而他会立刻做出改正。

职位高的引导人要避免这种错位与越位的情况出现,一方面依靠他的自觉,时刻分清楚两种角色的差异。另一方面,在方法上可以作出一定的安排,职位高的人可以在会前与参与人员约定,一旦自己搞乱了流程,大家可以立刻打断他,对他进行纠偏。

第4章　复盘中的三种角色

不对观点做评判

　　引导人的主要职能是保证复盘流程的顺利进行，是程序的权威，而不是观点的权威。因此，引导人一般不能对结论或者是观点进行好坏的评判。

　　不对观点进行评判，对大多数中国人来说，本来应该很容易做到，因为中国人号称是最平和的民族，不喜欢树敌。对他人的观点进行评判，其后果都是在表明自己的立场——赞同或者反对某种观点，这就与发表该观点的人进行了交锋。在一般的讨论中，大多数中国人一直在小心翼翼地避免这么做。这才是导致外国人觉得中国人说话不直接喜欢绕弯子的根源。

　　但是，大多数中国人在另外一种情况下又特别喜欢对别人的观点进行评判，那就是自己具有权威性的时候。一旦觉得自己具有权威性，不管是职位的权威性还是观点的权威性，这些人又好像变了一种人，他们会立刻对其他人的观点进行驳斥。我就多次见到有人对其他人的观点进行直接否定："你这种想法是完全错误的"，"你说的话只能说明你对这件事情一知半解"，"我的看法跟你的看法恰好相反"，等等。

　　如果你有微博或者关注网络论坛，你会大量地看到对他人观点的评判性言论，这些话语可比上面的粗暴和过分得多："我看你应该回炉到小学去深造一下你的语文""就这种水准你也敢说自己是经济学专业毕业的，别出来丢人现眼了，还是好好多读几本书后再出来混吧"，等等。心理脆弱、承受能力差的人，会在这样的言论面前落荒而逃，我就见过几个被评判后很少发言的微博用户。

而脾气暴躁的人，则会立刻奋起反击，从问题的讨论变成相互爆粗口，最后变成人身攻击。比如，2011年10月初，就风传有两个新浪微博认证用户，因为观点不合而相约干一架。

在复盘的过程中，引导人要有既在复盘中又在复盘外的能力。这要求引导人在复盘的过程中始终保持中立和客观，面对各种观点，都要做到"无视"——不进行评判，即使是那些在自己看来很愚笨或者是与自己偏好相反的观点，引导人也没有资格进行评判，只能当它们是一种客观存在。必须克服内心对"愚蠢主意"进行批判的冲动，因为这是在错用程序的权威。

只有一种情况下，引导人才有资格且必须对观点进行评判，那就是当讨论已经偏离了原来方向的时候。比如，讨论已经从关注事情变成对人品的指责，或者是从复盘的事情变成了随意的漫谈。这个时候，引导人应该对讨论进行终止和纠偏，保证复盘按照正常的航道运行。

这个时候，如果引导人不能进行纠偏，一个可预见的结果是程序失控，复盘无法进行下去，一方的指责引起另一方的反击，双方剑拔弩张，严重的后果很可能是大打出手。中央电视台常常报道的中国台湾地区或者韩国议会会议过程中不同党派议员打斗的情形，就是引导人不能发挥关键作用导致会议失控的典型表现。即使当场没有闹翻，但是如果心理上出现裂痕，也为日后工作中的合作埋下了隐患，不利于形成和谐的企业氛围，使企业产生不必要的内耗。

当然，这个时候更应该出面的是复盘的主导人（如果他不承担引导人角色的话），因为他是复盘的召集人，一般具有职位或者

第 4 章 复盘中的三种角色

知识赋予的权威性,由他出面,可以立刻解决问题。一旦复盘成为习惯和文化,参与复盘的人之间相互攻击的情况会越来越少。

当然,引导人不能对观点进行评判,并不表示引导人不能对某一个问题有自己的看法,也不表示引导人不可以发表自己的观点。但是,发表的内容不能是对其他观点的评判,而只能是对自己观点的叙述。并且,**在叙述之前,引导人应该预先进行说明,**自己并不是以引导人的身份发言,而是以一个参与者的身份发言,从而让其他人可以明白你说话时候的身份,知道该采取什么态度来对待你的话语。

引导人的常用话语

引导人要保证复盘按照流程进行,除了对自己的角色认识清晰之外,还有一定的技术性要求,这就要求他们掌握一些有用的引导话语,它们是引导人手中的武器。通过这些话语,让复盘顺利开展。⊖

"其他人对这个问题还有什么看法吗?"
"到这一步是不是就是最后的结论?"
"从另外的角度来看看这个问题会如何?"
"看来我们可以结束这个问题的讨论了。"
"让我们进入下一个议题吧。"
"再深入思考下,会是什么结论?"

⊖ 英格里德·本斯. 引导[M]. 任伟,译. 北京:电子工业出版社,2011。

● **复盘**：对过去的事情做思维演练

"让我们开始吧。"

"有没有人有不同的看法？"

"对这个问题再说点什么吧。"

"让我们来假设一下。"

"经过大家的讨论，得出了这些结论，你们认为这些结论是你们刚才说过的吗？"

"你们认为这是你们最后的想法了？"

"谁最后说两句？"

"还有什么要总结的吗？"

……

我们还可以列出一些话语，所有这些话语，都是针对程序流程进行的提问，而不是针对复盘的事情进行提问。它们一般出现在流程的关节点上，起到开始一个话题、深入一个话题、结束一个话题的作用。在这个原则的指导下，引导人可以根据自己的习惯和现场的情况组织自己的话语。

设问人

设问人是复盘中重要的角色，正是通过设问人提出的问题，引导大家进行思考，探索出事情的本质，发现隐含在事情中的规律。可以说，**好的设问人和好的问题，是复盘能否成功的关键**。

人们常说，一个好的问题，就已经将答案揭示了一半。问题就是答案，或者说，答案就隐藏在问题之中，问对了问题，也就

第4章 复盘中的三种角色

预示着能够找到答案。在复盘中,好的问题不但具有这样的作用,而且,问题还是思维逻辑的载体,通过问题,可以发现暗藏其中的思考逻辑,体现看问题的不同角度,得出不同的结论。

柳传志在接受优米网创始人王利芬采访的时候就说,在联想并购IBM个人电脑事业部的事件中,虽然自己没有参加双方的谈判,但是自己的一个重要作用,就是不断地问参与谈判人员各种问题,通过问题了解自己希望知道的信息,也敦促谈判人员去更多地了解IBM,思考并购中和并购后可能出现的各种情况,并考虑各种应对之策。正是通过这样的询问,联想对并购后可能出现的各种情况都有了思考,也形成了预案,才出现了到目前为止中国企业海外并购最为成功的案例。

每一个参与复盘的人都可以是设问人,只要他当时不是正在进行的复盘事件的叙述人。

问问题,而不是给解释

问问题是设问人的本职工作,是设问人的角色要求。

在问问题的过程中,要避免两种倾向:一种倾向是担心自己出丑,怕自己问出的问题在别人看来太幼稚,不是有深度的问题;另外一种倾向是担心别人出丑,怕自己问出的问题太尖锐,让别人没有面子。

担心自己出丑,怕自己的问题太幼稚,会让人不敢去问问题。这会阻止设问人进一步地思考,也会使得大家失去一个可能的新的看待问题的角度。人们常说,一个人的垃圾是另一个人的宝贝。

89

其实，思考也同样如此。一个人认为很简单很平常的问题，对于另外一个人来说，很可能就是一个新的角度，会触发新的思考。我们都曾经有过这样的经验，自己无意中说的一句话或者是提出的一个意见，让朋友突然间对一个事情豁然开朗。所谓说者无意听者有心，说的就是这么一回事。

问问题，就是在思考。在复盘中，只要问，就会思考，别人的回答促使新的思考，得出新的问题，这样，新问题和新思考的循环，促使设问人和叙述人共同向前发展。

担心别人出丑，怕问的问题让别人没面子，则可能会让自己问出无关紧要的问题，甚至会在叙述人给出回答后，自己去补台，帮助叙述人给出解释。

帮忙给出解释，有两种情况：一种是老好人，不希望叙述人因为被太多的问题问得难堪；一种是跟叙述人关系不错，想帮忙解释，减少叙述人的责任。不管是出于哪种目的，尤其是第二种，有山头主义的倾向，都应该被制止。制止的办法，可以采取罚款制度，规定只要有人替叙述人解释，就缴纳50元，作为公司的公益基金或者娱乐基金。或者是哄笑制度，只要有人替叙述人解释，大家就一起哄笑他。这样可以让解释人意识到自己没有按照规则要求行事，从而改正自己的行为，并且对其他人也形成警示。

不帮助进行解释，而是任由叙述人回答，这可以逼迫当事人先进行思考，也能促使大家更进一步地思考。大家可以将重点放在叙述人的回答上，并从中去发现新的问题，找出新的思考线索。而解释，往往会转移大家的注意力，将关注的重点放在别人给出的解释上，这会让叙述人的叙述显得更加合理，从而让大家觉得

第 4 章　复盘中的三种角色

事实确实如此,因而思考停留在解释处,失去了进一步追问的空间和动力,降低了得出更本质认识的机会。

其实,既然问问题是角色要求,就不妨本着公事公办的态度,例行公事般去问,而不用担心自己问的问题是显得幼稚,还是会让人没面子。帮助别人给出解释,无助于复盘得出真正符合规律的看法。如果自己真的有叙述人没有掌握的信息,比如背景知识、行业潜规则等,可以在提问题之前,或者叙述人回答他人问题之前,提供自己所掌握的信息。这样参与人都有了这种信息储备,也能提升随后提出问题的质量。

问问题虽然是本职工作和角色要求,但是,问问题要有价值,也还要有一定的技巧。

不停地追问

问问题的第一个技巧,就是不停地追问。

追问是得出结论的好办法。通过一直不停地追问,可以看出叙述人在哪些方面考虑不足,对哪些方面认识不够,在哪些方面的思维是相互矛盾的,等等。这样步步紧逼的连环追问,可以立刻将叙述中存在的问题暴露出来,也能够当场发现需要补充的知识和信息,在一定程度上也指明了需要努力的方向。同时,不停地追问,还可以让我们始终记住最终的目的,不会跑偏。

这种不停追问的方法,可以称为贴身紧逼法。设问人以问题为进攻手段,叙述人以结论为防御盾牌,双方进行一场你来我往的思维交锋,问题和逻辑在这种思维的交锋中昭然若揭。这种不

● **复盘：** 对过去的事情做思维演练

停追问的方法，最著名的例子就是丰田公司的"5why"分析法。

丰田公司的"5why"分析法，又称"5问法"，就是当出现问题的时候，连续追问 5 个为什么，以探究问题背后真正的原因，找出真正的解决办法。当然，5 问法并不是说必须问 5 次为什么，也不是说只能问 5 次为什么，只要有助于找到真正的原因，可以问 3 次，也可以问 10 次。一切以解决问题为出发点，"5"只是一个代表性数字，并不是确定性要求。

丰田生产系统的设计师大野耐一曾经这样评价过 5 问法的作用："重复 5 次，问题的本质及其解决办法随即显而易见。"他曾经举过一个简单的例子来说明 5 问法。

问题 1：机器为什么停了？

回答：因为超过了负荷，保险丝断了。

问题 2：为什么机器会超过负荷？

回答：因为轴承的润滑不够。

问题 3：为什么轴承的润滑会不够？

回答：因为润滑泵吸不上油。

问题 4：为什么润滑泵吸不上油？

回答：因为它的轮轴耗损了。

问题 5：为什么轮轴会耗损？

回答：因为没有安装过滤器，混进了杂质。

于是，最终找到了解决问题的办法：安装过滤器，阻挡杂质。

当然，我们还可以继续问下去：

第4章 复盘中的三种角色

问题6：为什么没有安装过滤器？

回答1：以前没有意识到这个问题，是新发现的。（如果是这样，则是发现了一个新的解决方法，可以规范化，在全公司推广。）

回答2：申请了，但是没有批下来。（如果是这样，则说明流程有问题，则可以反思企业的流程该做什么改进。）

但是，问问题并不容易。追问的问题不对，很可能就得不出正确的结论。比如针对第一个问题的回答——"因为超过了负荷，保险丝断了"，可能出现的问题是"为什么超过负荷保险丝会断"，解决的思路就变成是否换一条保险丝。而回答也很可能会误导方向。比如针对"为什么机器会超过负荷"，回答很可能是"因为订单太多，不超负荷生产不过来"这样的回答，思考的方向变成了是不是要采购新的生产设备。

会不会问问题，牵涉到是不是能真正解决问题。

在复盘中，不停追问的问题可以采取一定的顺序进行，问题之间应该是步步递进的关系。一般说来，问题可以分为三个层面：信息层面、思维层面和假设层面。

第一个层面——信息层面，或者也可以说是事实层面。

叙述人对事件情境重现完成之后，必然会包含有很多信息。这些信息，不仅仅是事件本身的，也可能包括一些行业的或者有关的各种信息。追问的目的是要发现，是否遗漏了什么信息，是否有些信息并不是事实而只是叙述人用自己的认识替代了信息。

信息必须是客观的，必须如实反映事件当时的实际情况，不能有人为的加工。只有这样,复盘的时候,人们思考的起点才是建立在客观真实的基础上,而不是建立在某个人的主观认识上,得出的结论也才能更符合事情本来的要求,才更靠谱。

第二个层面——思维层面,或者也可以说是逻辑层面。

信息被确认之后,必须往下走一步,那就是去探讨信息之间的关系,也要去探讨叙述人当时做事情的思考逻辑。通过对信息与逻辑之间关系的验证,来判断信息是否被误用,逻辑是否通畅,结论是否正确。

思维是行为的指导,逻辑是思维的方法,通过逻辑思维,发现事物之间的关系,进而针对思维得出的结论采取行动。这是我们一般的思维和做事的模式。从信息层面进入到逻辑层面,模拟叙述人当时的思维波动,思考他的思考,逻辑他的逻辑,然后可以慢慢探寻到他对于该事件的一些最根本的认识以及逻辑起点。到这里,我们就可以进入第三个层面——假设层面。

第三个层面——假设层面,或者也可以说是公理层面。

除了信息之外,假设层面的认识是一个人逻辑思考的另外一个基础,或者应该说,它是更重要的基础。

对假设层面的认识,会让一个人选择信息,一些信息会在他眼中显得突出,而有的信息,则可能会隐而不见。此外,它也会让人对信息附加自己的理解,对信息产生扭曲或者是强化。不管是选择信息还是对信息附加上自己的理解,都违背了信息的客观性原则,对信息造成了干扰,也就对后面的逻辑思考造成了干扰,对结论也就可能产生影响。我们熟悉的邻人偷斧故事,就充分说明了选择信息和对信息附加理解所导致的困境。

第 4 章　复盘中的三种角色

　　了解了叙述人的假设层面，基本上也就对他的标准有了认识，这可以在复盘的时候帮助大家有一个预判，过滤掉叙述人个人偏见对结论的干扰。

　　一般来说，复盘问到假设层面就差不多了，但是对于一些重大事件的复盘，则还应该更深入一步提问，目的是验证假设是否正确。这里的假设，包括对行业的共识，包括一些大家接受的常识，包括被很多人认为是不用思考的公理，等等。通过对这些假设层面的内容进行审视，如果能够发现新的假设，那么，对于事件的认识将会提升到一个新的更高层面，人的境界也会进入到一个新的更高层面，可以看到更高层面的风景，在更高层面进行竞争，赢的可能性要大得多。

疑问而不是反问

　　问问题的第二个技巧，是多用疑问句，少用甚至不用反问句。

　　之所以设问的时候要多用疑问句，少用甚至不用反问句，这与疑问句和反问句的属性有关，也与中国人的文化有关。

　　疑问句是请教的属性，将自己摆得比较低，是一种学习和探讨的姿态，表明问问题的人自己有不明白的地方，希望别人能够回答，对自己进行答疑解惑。它暗含着对回答问题人的尊重和感谢，尊重他知识的渊博，感谢他不吝赐教。

　　疑问句是开放的、有指向性的，但不那么确定，带有商量的口吻，比如：看情况好像要下雨了，你觉得呢？你是不是觉得这

● **复盘**：对过去的事情做思维演练

两件事情之间，隐含的逻辑是这样的？这个事情，除了你现在的解释，有没有更好的解释？等等。它将如何回答的主动权交给了回答问题的人。

反问句则是挑战的属性，将自己摆在平等的位置，甚至是摆在比回答问题的人更高的位置，表明问问题的人对自己的问题有了很好的答案，并且也知道回答人可能的答案，但是，他并不认为回答人的答案是正确的。通过反问这种句式，增强了双方的交锋性质，跟随其后的，是双方对某一个观点或者是事实的拉锯战，各自去证明自己观点的合理性。

相对来说，反问句观点比较明确，指向性更清晰，带有质问的口吻，比如：你真的认为这样的天气是要下雨了吗？你怎么会觉得这两件事情之间有逻辑关系呢？你对于这个事情给出的解释就是这样的？等等。它实际上规定了回答人如何回答问题，要么肯定要么否定提出问题的人的意见。

最近替一个朋友策划了一套书：《微反应》《微表情》和《微语义》。作者姜振宇是中国政法大学的老师，也是江苏卫视孟非、郭德纲所主持的《非常了得》的专家观察员。不过在有这个思路以及第一本《微反应》出来之后，作者还并没有成为节目的专家观察员。我们的设想，是要将这套书打造为中国"微心理"的第一品牌，奠定作者在这个方向的学术地位，因此，追求的是长销而不是畅销。当时市面上同类书，卖得比较好的有《FBI教你破解身体语言》《读心术》等，它们都是翻译的作品。

当书刚出来的时候，一位同事拿着书说："应该在封面上打上'中国版《FBI教你破解身体语言》'，毕竟那本书渠道有影响，跟

第4章　复盘中的三种角色

渠道沟通起来更省力。"一般来说，这种说法是对的，而且很多出版社在策划书的时候也常常这么做。但是因为我们的目标是要做长销书，是要奠定作者的品牌，自然不能自降身份往其他的书上靠，因此当时脱口而出就是："那怎么行？那样做太俗了，而且我们是系列，是长销书，那本书是国外的，谁知道它卖了今年有没有明年，不能加上那些东西，作者也不太愿意。"同事立刻抢白道："俗，我俗，就你不俗。"其实，在这段话里面，我给出了四个为什么不能那么做的原因：① 感觉太俗；② 与策划时候的品牌设想不符合，要树立自己的地位；③ 跟风有风险，对方可能消失；④ 作者不同意。但是在同事的眼里，却只有"俗"这一点。

当然，如果我不是用"那怎么行？"这样强烈的词语，而是说："我们的目的是要打造自己的品牌做成长销书，这样明显地跟风别人，长期来说会不会对我们的这个目标造成不利影响？而且，作者本人好像也反对这样做，我们不经过他同意这么做会不会得罪了作者？"恐怕，这位同事的反应会好一点。

所以柳传志说："有话要直说，但要好好说。"柳传志在回忆自己与人就问题进行沟通的时候，总是按照这样的步骤来：① 两个人关起门来，各自坦诚地讲述自己的观点，这是直说。但同时，说的时候要为对方利益着想，不能只说自己的理，这是好好说。② 如果说通了，事情就解决了。如果没说通，则在小范围内再讨论，依旧是坦诚交换各自的观点。③ 如果还是没说通，就拿到大会上说。这样，不仅仅是交流的时候直说和好好说，在交流的形式上，也是递进的，让交谈的对象有充分被尊重的感觉。

用疑问句而不是反问句，就是好好说的一种方式。

用问题来引导逻辑

用问题来引导逻辑，这是最考验设问人功力的一种问问题技巧，也是最重要的一种技巧。只有这种技巧，才能带领我们复盘成功。

一般说来，人们通常习惯于在叙述中包含逻辑，按照逻辑的线索进行叙述。要想用问题来引导逻辑，这就是说，逻辑必须暗含在问题之中，这就要求，问题之间是环环相扣的，同时，与叙述人的回答还要契合。这说明：第一，问问题的人对于问题的设置胸有成竹；第二，问问题的人对于叙述人回答的可能方向有所了解，自己预先已经做过思考；第三，设问人对于整个复盘流程中的不同事件有全局理解，能够拨开复杂信息的遮蔽发掘出它们之间简洁的逻辑关系，做好了功课。

用问题来引导逻辑，要求不能直接说出自己的结论，给出评价，而是要让结论在问题和回答的交锋中自然呈现。结论不是直接给予的，而是个人思考之后的结果。而只有经过了自己思考之后得出的结论，人们才会把握它，才能更好地理解它。

在"不停地追问"部分，我们曾经提到了复盘中问题的三个层面：信息层面、思维层面和假设层面。它们之间的关系是步步深入的，一个层面比一个层面更深入，一个层面比一个层面更能逼近事情的本原。三个层面之间，本身是符合大的逻辑递进关系的。

我们不妨用一个例子来看看复盘中是如何通过问题来引导逻辑，一步步从信息层面穿越思维层面到达假设层面，然后得出真知的。

第4章　复盘中的三种角色

孙小姐最近很郁闷，因为自己的一个疏忽，本来应该回收的一笔款项没能按时回收，被老板批评不说，还扣除了本该到手的奖金。她向自己信任的黄小姐倾诉，说老板好像对自己有成见，自己不想干了。

黄小姐：怎么了，你们老板经常批评你吗？（信息层面的问题）

孙小姐：也不是了，就是上次他让我联系一个人，我告诉他打电话没人接，他批评我说电话没人接，应该想尽各种办法去联系，比如发短信、找他秘书、写信、通过即时通信等，他说他给的任务是联系到那人，而不是打电话联系到那人。还有一次，我负责提供的一个资料，到规定时间的第二天才提供给他，使得给客户提交资料的时间也比约定的晚了一天，导致跟客户的沟通也推迟了。虽然最后项目还是给我们了，但是他说定好的时间，不管如何，都应该按时完成，不能擅自改变计划，因为计划不仅仅是期限，还是承诺，还有他人的期望，这是在改变他人的期望。

黄小姐：还有其他批评你的事情吗？（信息层面的问题，继续强化）

孙小姐：最近没有了，以前应该还有，不过我也不记得了。

黄小姐：我看你们老板说得好像也没错啊。你不认为你们老板说得在理吗？（思维层面的问题）

> **复盘**：对过去的事情做思维演练

孙小姐：我也觉得他说得对，就是有点不舒服。我同事小李也有不准时的时候，也没见他怎么批评她。最可气的是，他每次批评完我后还得加上什么每个人都得为自己的行为负责，都得自己承担自己行为的后果，诸如此类一大堆。好像我这么大个人了，竟然不能为自己负责一样；好像他交待我的工作，我都没有负责完成一样。

黄小姐：你肯定能为自己负责。老板交待的工作，你也都负责完成了，我估计老板批评你是看重你。不过不说这个，你有没有想过，你向老板交差，老板是向谁交差呢？为什么老板对事情拖一两天那么紧张？（思维层面）

孙小姐：老板向企业交差啊。不对，企业就是老板的，老板应该是向客户交差。

黄小姐：老板确实是向客户交差，这是对于你们这种企业来说的。对于那种大众快速消费品，老板应该是向消费者交差。统一说起来，老板应该是要向市场交差，对吧？（假设层面的问题）

孙小姐：对。所以老板才会对事情拖一两天那么紧张，因为市场是不给你拖的。你要拖也可以，但是市场就不会给你买单。市场不给你买单，你就没有业务，也就没有收入，你的生存就会受到影响。

黄小姐：所以可以看出，老板并不是像我们原来想的那样，是最终拍板人，可以为所欲为。他也得听市场

第4章　复盘中的三种角色

的，他不过是代替市场在发号施令。可以说，他是市场在企业中的代表，是市场的代言人。

孙小姐：恩，好像是的。我觉得，老板并不是一个人，他只是一个职位，谁在那个职位上谁就是老板。就像国家主席一样，也是一个职位，谁在那个职位上谁才是主席。

黄小姐：那你还觉得是老板对你有成见吗？

孙小姐：呵呵，不是了，就你聪明，是市场对我有成见，成不？

黄小姐通过问题的引导，让孙小姐充分认识清楚了自己对"老板"这一概念理解的不足，从一个更加客观的角度更新了自己对老板的假设：老板是一个职位，是市场的代言人。这种对于老板的认识也就重构了她对以往事件的理解。我们可以相信，经过这次与黄小姐的复盘，孙小姐在职场中，应该会表现得越来越好。

在用问题引导逻辑的过程中，问问题的方式有所不同。在开始的信息层面，要多用开放式问题，务求叙述人提供最多的信息。在假设层面的时候，因为指向更加明确，要多用封闭式问题。而在思维层面，则要根据实际情况去考虑是采取开放式问题还是封闭式问题。

叙述人

叙述人是复盘的基础。复盘的进程和内容，都建立在叙述人的叙述和回答之上。

一次成果丰富的复盘，建立在叙述人如何看待复盘、如何叙述复盘事件和如何回答设问人的问题上。

叙述人一般是事件的当事人。复盘中，除了主要领导人获得能力提高之外，叙述人是另一个能够从复盘中获得大提高的人。

要超脱，站在自身之外看复盘

叙述人的态度，直接决定了复盘的氛围。如果叙述人对复盘心怀芥蒂，则不论引导人如何努力，都可能无法顺利实现复盘的目标。

除了公司要形成良好、正确的复盘文化外，叙述人自己也要正确地看待复盘这件事情。

复盘并不仅仅是复盘失败的事情，也复盘成功的事情。当复盘成功的时候，不能是自以为是的表彰会，也不能认为是成功经验介绍会，更不能认为是"分赃"会。而复盘失败的时候，不能将复盘看做是对自己的批判会，也不能将复盘看作是对自己的秋后算账，更不能认为大家进行复盘是为失败寻找替罪羊。

在对成功的事情复盘的时候，我们积极高兴，但是对失败的事情复盘的时候，我们也不能垂头丧气，甚至是消极应对，暗中抵制。且不说复盘并不是要革谁的命，即使是革命，难道革命革到自己头上就不革命了？如果真是这样，那就不是真正的革命者了。

作为一个成熟的职业人，作为一个希望不断成长的个人，看

第4章 复盘中的三种角色

待复盘，应该采取的态度有两种：一是超脱，一是客观。

要超脱，就是要在自身之外看复盘。将参与复盘的自己与做事过程中的自己区别开来。参与复盘之中的自己，似乎是另外一个人，用另一个人的眼光和角度审视做事过程中的自己。从而能够冷静地看待做复盘这件事情，甚至是参与到对自己的无情剖析中去。

听起来这似乎有点人格分裂，但其实做到这一点并不难。一个人在反省的时候，其实就是现在的自己与过去的自己在对话，是思考的自己与做事的自己在对话。很多人都有过反省的经历，有的人经常反省。荀子说：吾日三省吾身。苏格拉底说：没有经过反省的生活，是不值得过的生活。

在自我复盘中，经常要经历的就是复盘的自己与做事的自己之间的对话、探讨和审视。如果一个人能够心平气和地进行自我复盘，为什么就无法气定神闲地进行团队复盘呢？难道仅仅因为自我复盘的时候只有自己，自己说自己，怎么着都行，团队复盘的时候有其他人，其他人说自己，怎么着都不行？其实团队复盘的好处，在于有更多的人来帮助你探讨和审视，能够发现更多的问题，找到更多的原因，归纳更本质的规律，自己因此能够成长得更快，我们应该心怀感激才对。

要客观，是说将复盘就是当做复盘，它是一种工作方法，也是一个成长机会，而不是将复盘当做其他。所谓客观，就是站在"客"的角度，像个局外人一样如实观照，不附加自己的推理，避免情绪的干扰。所谓的看山是山，看水是水，不掩饰，不演绎。

客观是超脱的必然结果。对于复盘本身有了超脱和客观的态度,那么,叙述阶段的情境重现和回答阶段的反复推演就有了良好的心态保证,也具备了顺利推进的基础。

要真实,完整呈现复盘事件

这是叙述人在进行情境重现时候的要求。

真实,是叙述事件时候的第一要求。真实,实事求是永远是最重要的。因为如果你叙述的是虚假信息,则大家就是在错误信息的基础上复盘,很可能会得出错误的观点。所谓南辕北辙,起点的错误,也就决定了结局的错误。

在复盘中,阻止真实的,是怕。怕自己的行为和思维在别人看来很幼稚,怕别人嘲笑这种幼稚,怕因此而被认定为水平低下。因此,有的叙述人很可能因怕而隐藏信息,将那些自以为不那么有水准的过往行为和思维隐藏起来,甚至有人因怕而假,生造一些做事的过程中没有的事情,以掩盖自己认为的幼稚,并达到自圆其说的结果。这当然是非常有害的。

在叙述的时候,除了真实,还应该全面和完整。

全面是指与事件有关的各方面信息都要提供,它无所不包,是一个横断面的角度;完整是指每一个方面的信息都很完备,它从始至终,是一个纵切线的视野。比如你是在复盘一个新产品上市的宣传过程,则在复盘的时候,从全面性来讲,应该叙述当时在电视、广播、网络、平面媒体、DM、论坛等各种可能的宣传媒介上所进行的宣传工作;而完整性,是指对电视、广播、网络、平面媒体等任何一种媒介的叙述,要从头到尾,而不是掐头去尾,

第4章 复盘中的三种角色

只有中间一段。

叙述还应该深入到细节之中，提供最末梢的事件信息。西方人说，魔鬼隐藏在细节之中；中国人说，细节决定成败。不管西方人还是中国人，都充分认识到了细节的重要性。一般来说，大的逻辑理路大家都能把握，也都能按照它的规定采取行动。差别就在细节的操作上，细节上做得到位不到位，就决定了结果是好还是差。

细节与真实是一脉相承的，正是因为具备了细节，才让整个事件的叙述显得更加真实。剥离了细节，只剩下框架，真实就无从谈起。细节的存在让事件更加丰满，让叙述显得可亲、可信，让人能够触摸和把握。依旧用上面的新产品营销来说，细节可以是在网络上发了多少文章，都是什么类型的文章，有多少字，都在什么网站，为什么选择这些网站，点击量有多少，反馈评论有多少，什么时候发的，不同时段发的影响有什么不同，不同类型文章的影响有什么不同，对于他人的反馈评论是否有回复，自己是时刻关注还是隔一段时间观察一次，等等。

当然，在追求细节的时候，还要关注细节之间的逻辑，不能一头扎进细节的海洋出不来，被大量的细节信息搞得晕头转向。

真实，是对信息性质的要求。全面和完整，是信息分类的方式，可以保证叙述的时候，信息没有遗漏。细节，是信息的呈现手法，可以让信息更容易被感知、被记忆。

真实、全面和完整、细节，是判断复盘中叙述的信息是否合格的三条标准。叙述人自己在准备信息的时候，其他人在叙述人叙述之后，都可以用真实、全面和完整、细节这三条标准对信息进行审查。如果是不完全符合这三条标准的叙述，则复盘的过程中，要进行信息的补充和完善，让复盘建立在优良的信息基础上。

要虚心，放空自己进行复盘

这是在回答设问人提问时对叙述人的要求。

在回答设问人问题的时候，要虚心，放空自己。不将问题看做是质询，而看作是一个共同探索的方向和思路。不要去猜测别人的动机。因为自己一旦有了猜测别人动机的念头，就会从阴谋论的角度去解读别人的话语，然后自然会走上为自己辩护的道路，这样我们就关闭了自己的内心，阻止了其他信息和观点的流入，因而无法得到成长。

人有一种常见的心理，那就是只要是有关自己的，就觉得是好的，不管是自己做的事情，还是自己做的选择，等等，只要是自己的决定，就都容不得别人批评说道，更不要说是指教和谴责了。只要是自己的事情，一旦出现上述的情况，最可能的行为就是立刻进入攻击状态，一门心思要证明自己行为和思维的合理性，去防卫和辩护。鲁迅曾经在《人生论》中这样说过中国人："即使无名肿毒，倘若生在中国人身上，也便'红肿之处，艳若桃花；溃烂之时，美如乳酪'。"

当然，这并不是中国人独有的心理，外国人也有，只是中国人尤甚而已。这是心理上承诺一致原理发生作用的结果。

《影响力》作者罗伯特·西奥迪尼说，人们受到一种神奇的"承

第4章 复盘中的三种角色

诺和一致"心理规律的约束。[⊖]

罗伯特发现，参与赌马的人，在走进马场之前，很可能对任何马匹都没有偏好，但是一旦下注了，也就是买了某匹马会赢，那么，他对那匹马获胜的信心也会增加，实际上那匹马没有任何变化。

其实，我们生活中也常见这种因为选择所以坚持的案例。在辩论的时候，一旦某个人赞成了某个观点，他就会尽力去维护自己的观点。这个时候的辩论，很多时候不是辩论是非，而是变成了维护面子。

因此，复盘的时候，放空自己，超越心理学定律的束缚，尤其不要自己骗自己，迎接各种各样的问题，尤其为他人问出的挑战性问题叫好，因为越有挑战性的问题就越能够促进大家的思考，也就越能推动大家进步。

复盘中，设问人和叙述人的角色并不是固定的。叙述人有什么关于行业信息方面的疑问，有关于假设层面的疑问，也可以提出来，跟参与复盘的人探讨。设问人可以根据自己的认识和所掌握的信息进行回答。这样，大家就可以得出更全面、更准确的认识。

复盘中，要坦诚，不要装。没弄明白的地方要弄明白，不能揣着糊涂装明白，那样对自己有害，对团队有害，对成长有害。

⊖ 罗伯特·西奥迪尼. 影响力[M]. 陈叙, 译. 北京：中国人民大学出版社，2006。

第 5 章

复盘的两种方法

有两种不同的复盘方法可以帮助我们：情境重现法和关键点法。

当我们刚开始复盘的时候，最好用情境重现法。当我们越来越熟悉复盘之后，关键点法就会成为最常用的方法，而情境重现法则成为补充。

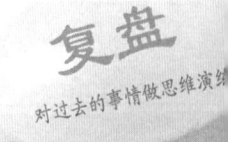

第 5 章　复盘的两种方法

复盘有两种方法：情境重现法和关键点法。

一般来说，进行复盘的时候，最好的当然是情境重现法，它相当于是用电影回放的方式，将做过的事情在复盘中重新演练一遍。这种照相机式的记忆或者回放方式，可以保证客观信息没有遗漏，同时，参与其中的主观思维也能得到展现，有助于复盘的人们感同身受地去理解当事人的各种行为。

但是，总有一些时候，我们无法做到情境重现。比如个人能力的限制，没有照相机式的记忆能力，也没有留下录像等其他的相关资料；比如复盘他人，他人的事情自己不可能掌握所有的信息；比如复盘的事情时间跨度足够长，牵涉到的信息特别多。也还有一些时候，我们不必做到情境重现。比如复盘的人都参与了事件的过程，情境是共享的；比如时间跨度足够长，信息过多，有一些信息没有价值。面对这样的情况，我们需要的复盘方法不是情境重现，而是关键点法。

当我们刚开始复盘的时候，最好用情境重现法。当我们越来越熟悉复盘之后，关键点法就会成为最常用的，而情境重现法则成为补充。

情境重现法

2010 年，美国名校的网络公开课开始在新浪、网易等中国主流网络媒体上发布，一时间引起网络追捧热潮。哈佛大学的《幸

● **复盘**：对过去的事情做思维演练

福课》高居新浪公开课频道人气榜榜首的位置，耶鲁大学的《心理学导论》、普林斯顿大学的《人性》以及哈佛大学的《公正》都受到网友的热捧。㊀《公正》课程视频的网络点击量超过1000万次，授课老师桑德尔教授在2011年的中国行，遭遇到了如乐坛巨星演唱会一般的豪华阵仗。㊁他在清华大学和复旦大学的两次演讲，都吸引了大批粉丝到场。

但是，在接受《三联生活周刊》采访的时候，新浪教育频道总监梅景松揭示了火热公开课的另一面。梅景松说："学习还是需要强迫性的。公开课更多的是一种具有观赏性的课程，一个有23节课的课程系列，几乎没有人能坚持看到第5节。我曾经对耶鲁大学的罗马建筑课很有兴趣，但是也没能把所有视频看完。如果能够有一些线上交流的配套内容，情况可能会有所改善。公开课的价值在于，让更多人开阔眼界。"㊂

对比1000多万的点击量，却少有人坚持到第5节课，我们可以想到真正学习的介入程度。这并不是个例，我一个做培训的朋友，在2011年8月份，用几十万元代理了北京某著名英语培训机构的网络产品，它们涵盖了目前英语培训的几乎所有领域：托福、雅思、GRE、GMART、SAT、BEC、上海口译、四六级、研究生、

㊀ 但汉松，俞力莎. 网络公开课引发开放教育与学习革命[J]. 三联生活周刊，2011-10-11。

㊁ 但汉松. 大学公开课的性感与骨感[J]. 三联生活周刊，2011-10-11。

㊂ 但汉松，俞力莎. 网络公开课引发开放教育与学习革命[J]. 三联生活周刊，2011-10-11。

第5章 复盘的两种方法

博士生……她进行推广的区域，是离北京不远的某省会城市，境内高校林立，而在近两月的时间里，销售出去的还不到5%，可谓是进展缓慢。

可见，通过网络进行学习，还停留在想象阶段。开阔一下眼界是可以的，但是，要通过网络进行系统的学习，尤其是将其中的知识变成自身的"硬"能力，到目前为止依旧不太现实。这是因为，虽然从经济性和方便性来说，通过网络获得知识，会更加便宜和便捷。但是，我们的学习过程，还与一个叫"情境"的东西有关。

"情境"概念最早由美国社会学家W.I.托马斯与F.W.兹纳尼茨基在其巨著《欧洲和美国的波兰农民》中提出：只有把个人的主观态度和社会客观文化的价值综合起来考察，才能充分解释人的行为。[1]

在中文语境下，"情境"是一个新词，是随着外国思想和图书的翻译而新造的。在中文语境下，以前只有"情景"、"背景"或者"环境"，但很显然，当我们说出"情景"、"背景"和"环境"的时候，我们知道，它们绝对与"情境"不是一回事。

情境，不但与背景、环境有关，而且与参与的当事人的心理活动有关。人的思维和行为，只有与情境结合，才能得到合理的解释。

---

[1] 芮必峰. 人类理解与人际传播——从"情境定义"看托马斯的传播思想[J]. 新闻与传播研究，1997(2).

● **复盘：**对过去的事情做思维演练

　　情境，包含着远远超过背景、环境等信息，一般来说，它包括三种"场"或者"流"。三种"场"是指信息场、思维场和情绪场。三种"流"是指信息流、思维流和情绪流。

　　"场"主要是强调空间状态，"流"主要强调时间变化。

　　"信息场"告诉我们，当时现场的外在环境"有什么"。比如当时是否有太阳，是否风和日丽，都谁参加了，谁在场，谁有什么语言动作，工具如何摆放。

　　"思维场"告诉我们，当时现场每个人自己"是什么"。大家是如何思考的，社会对于此类场景下的"潜在的共识"（或者说潜规则）是什么。比如在一个商务活动中，潜在的共识是，到了吃饭点要留客人吃饭，应该是作为主人的一方请客；如果是在第三方的地界内，则求人的一方应该请客；当然如果三方都相互熟悉，虽然可能与事情无关，则第三方应该请客，等等。

　　"情绪场"告诉我们，当时现场的人员之间"为什么"。他们处于什么样的相互关系之中，为什么会这样。两人之间是否有碰撞，人们是兴高采烈还是垂头丧气，是斗志昂扬还是丢盔弃甲，心理是否开始起冲突，等等。一种情绪弥漫开来，它会慢慢流淌，然后笼罩整个人群和现场。

　　"信息场"、"思维场"、"情绪场"的结合，形成一种"能量场"，也就是我们习惯说的"气场"，它笼罩在现场中每个人的内心，无处不在，最终能量按照阻力最小的方向发展，决定了当时人们可能采取的行动，这就是"会怎样"。

第 5 章　复盘的两种方法

所谓情境重现，除了重现当时的行为外，重要的就是要重现当时的信息场（流）、思维场（流）和情绪场（流）。只有重现了这三种场（流），一个情境才可以说是相对完整地重现了，一种行为才有了理解的前提和基础。

只是说"我做了什么"，也就是只重现行为，还并不能算是一个完整的复盘，也并不能帮助你成长。它只是个总结。我们每个人都很熟悉工作总结，一般是写在一件事情或者一个阶段，自己做了哪些事情，承担了什么任务，完成了多少业绩，等等。如果思维更活跃一点的人，还会加上自己思想上有什么变化，获得了什么成长。但是，不管如何，这都是一个状态描述，是信息，而没有情境，没有包括为什么这么做以及前后的联系。

对于信息场的复盘，有助于厘清项目或者行业的事实。对于思维场的复盘，有助于判断方法和思路是否正确。对于情绪场的复盘，有助于认识自己和他人。

在复盘中，信息场的重现最为容易。

因为都是外在环境的客观存在物，现场有什么，一目了然。差别只在于观察能力和记忆能力上，能力强的，看到的信息多，记住的也多，因此叙述出来的也多。

在一个聚会上，人们都能知道，谁是会议的重要人物，都是些什么层次的人参与，会场是如何布置的，说了些什么话，主题是什么，等等。当一个人对这个聚会有兴趣的时候，他首先就会问这些问题。这些都是信息问题，通过这些信息，可以大概了解一个聚会的情况。如果这个时候，他发现有的信息出乎自己的意料，或者是有什么自己感兴趣的信息，比如原来说将要参会的人没有出现，则可能一方面会继续追问相关信息，那是谁代替他去了？另一方面，还会希望知道为什么会这样，为什么他没去？这就进入了思维场。

思维场是最经常被复盘的。

"我当时是这样想的"，当人们回溯一件事情的时候，这是他们的口头禅。人们在反思、总结的时候，指向的目标大多数是这个。觉得某个人行为有古怪，某个人跟以前不同，也会咬着手指歪着头想："他为什么会这样呢？"这就是在试图复盘他人的思维。

复盘思维场是复盘中的必然做法，因为人都有好奇心，都有将事情弄清楚、弄透的欲望。这个欲望，在理论上叫做"知识的缺口"。当你不知道一件事情但是又想知道一件事情的时候，你就有了知识的缺口，满足这个缺口就成为你内在的动力。很多广告、很多产品的营销，都采用这样的一种方式，先告诉你你可能存在的某种知识缺口，然后告诉你，它们的产品能够很好地满足你的知识缺口，于是，你就在满足知识缺口的欲望驱使下，记住了某种广告，随后可能购买某种产品。

"我当时之所以这样做，是因为我当时是这样想的……"这是很多人事后叙述的逻辑。之所以要进行如此叙述，是要证明行为

第 5 章 复盘的两种方法

的正当性。而为什么"当时是这样想的",一般来说是信息场和情绪场的共同作用。

情绪场最难被复盘。

情绪是一种无形的东西,牵涉到对内心的解读,它一般比较难以被觉察到,等到能被观察到的时候,已经表现为行动了。人们只能用一个人的行动来反推他的情绪。但是,有的人善于隐藏,所谓的泰山崩于前而面不改色,胸有惊雷而面如平湖,这就让复盘情绪变得更加艰难。不过,据说现在有一种微反应技术,可以观察到一个人不受自我控制的微反应,从而破译对方内心情绪。在微反应研究者看来,微反应是千百年自然进化的动物自我保护本能,遇到有效刺激就会出现,想装,也得出现在微反应之后,也就是说,微反应是不可掩盖的。⊖比如东晋时期谢安,得到决定命运的淝水之战胜利的消息后,虽然继续平静地下棋,但出门却绊了一跤,显示出了内心的激动。

情绪场对于大家理解当时的情况有帮助,可以更好地体会当事人的心情,也能更好地解释当事人的行为。柳传志在复盘自己与倪光南的关系时候说,自己可悲的是将与倪光南的关系的位置估计过高,不敢像与其他同志一样开展批评和自我批评。⊜

如果是复盘自己参与的事情的时候,复盘情绪场相对来说可

⊖ 姜振宇. 微反应[M]. 南京:凤凰出版社,2011。
⊜ 凌志军. 联想风云[M]. 北京:中信出版社,2005。

能性还比较大，自己的情绪自己知道。但是在复盘他人的时候，要做到这点就难得多。

好在，一次好的复盘，更需要的是对信息场和思维场的重现，因为复盘的目的，主要还在于能够从过去的经历中学习，能够找到正确的做法，摸清事情的规律。如果能够更好地认识自己和他人，当然最好，但是，即使不能，复盘依旧可以让大家从过去的经历中学习，提高自己做事的能力。因为，复盘的目的并不是在情绪上，而是在行动上。

信息场、思维场和情绪场是情境的内容，也是复盘时候需要重现的内容。那么，情境重现还必须按照一定的方式进行，这种方式就是直接叙述。

所谓直接叙述，就是从事件开始发生的时间说起，按照发展的自然流程，一部分一部分、一个阶段一个阶段地进行叙述。叙述其中的信息场、思维场和情绪场。

这种直接叙述的方式，看起来像是流水账，听起来也容易让人没有兴趣，但是，它是保证信息真实、全面、完整的最好方式。而且，一个真正希望通过复盘来提高自己的人，他会更加关注信息的有效性，而不会对信息的叙述方式有更多考虑，更不会因为追求叙述方式的有趣而放弃对信息有效的追求，因为失去了信息的有效性，就失去了叙述的价值，也就失去了复盘的价值。

很多人都喜欢通过复盘成功人士的经历来教育自己的子女，

第 5 章 复盘的两种方法

希望他们获得成功。这其中,国外的巴菲特、比尔·盖茨和国内的柳传志、王石,常常是被提到的人物。他们每一个人都获得了很大的成功,也都是很正面的人物。每个人都通过自己的努力做出了一份很大的产业。但是,随着人们对他们了解得越多,人们越来越发现偶像并不那么完美:巴菲特有一个当国会议员的老爸,8岁时去参观纽交所是高盛的董事接待的。盖茨的老妈是 IBM 的董事,是她促成了儿子与 IBM 的第一单大生意。很多人知道这些信息后,都说再也不相信成功学了。

其实,事情并没有那么坏,因为有巴菲特、盖茨、柳传志、王石那种关系的人非常多,但是能做到像他们那样成就的非常少,这依旧说明了他们本人的努力和能力。只是因为过分宣传他们个人的努力,所以导致出现了不同信息的时候,彻底颠覆了原来的思维。

在"第 4 章 复盘中的三种角色"中,我们曾经提到过,叙述人在叙述的时候,必须遵守一定的原则。它们分别是"要超脱,站在自身之外看复盘"、"要真实,完整呈现复盘事件"、"要虚心,放空自己进行复盘"。这三条原则,与这里说的信息场、思维场和情绪场也是对应的。

信息场,对应着"要真实,完整呈现复盘事件"。对于信息场的描述,必须遵从真实、全面、完整三条标准。

思维场,对应着"要超脱,站在自身之外看复盘"。勇敢袒露自己的所思所想,不担心人笑我幼稚,也不担心人说没逻辑。

情绪场，对应着"要虚心，放空自己进行复盘"。说的只是当时的情绪，要像一个旁观者一样，看待当时的情绪，而不能将当时的情绪带入到现在的复盘中。

关键点法则

所谓关键点法则，是说在复盘的过程中，通过首先确定复盘事件的关键点，然后围绕关键点进行重现、思考和推演的复盘方法。

关键点法则分为两种，正向关键点法则和逆向关键点法则。

正向关键点法则是说在复盘的过程中，对事件按照时间顺序或者事件内容进行考虑，寻找关键节点，然后围绕关键节点进行重现和思考的复盘方法。这里的关键节点，就是我们常常说的里程碑，或者是里程碑时刻，这被称为时间关节点；或者是里程碑事件，这被称为内容关节点。

一般说来，时间关节点（里程碑时刻）和内容关节点（里程碑事件）是统一的，它们之间具有较强的一致性。比如中国共产党在《决议》中所划分的关节点，就是内容和时间关节点的统一。但是，时间关节点和内容关节点也可能出现不一致的情况，在时间和内容关节点不一致的事件中，一般来说，以内容作为关节点较好，因为它是事件自然进展过程的内在呈现。而时间关节点，这个时候很可能只是因为到了某一个特定的时间点上而已，对事

第 5 章 复盘的两种方法

件的完成等没有什么特别的意义。比如事件进行的一个月、三个月等时间，都是时间节点，但是，很可能在这样的时间节点上事件并没有什么关键性或者里程碑式的成果，这时候就不能用时间关节点来复盘了。

从正向的时间流逝或者事件发展按照顺序复盘，是一种自然而然的思维。但是，这种复盘，还是要求你对事件的流变有清晰的认识，如果是复盘他人，或者是复盘的目的主要是找出问题，提出改正措施，则逆向关键点法则会更有效。

逆向关键点法则是说在复盘的过程中，根据以前的经验，先行确定事件成功必须满足的关键成功因素，然后围绕关键成功因素进行复盘，看看自己和他人所做的事情，哪些因素做得比较好，哪些因素做得不够好，究竟哪些因素最终导致了事情的成功或者失败。然后针对复盘得出的结论，进行弥补和强化，最终赢得下一次事件的成功。

"2001 年 8 月 28 日，戴尔在一则广告中为自己加了一道'国际品质，本土价格'的光环，它的一款配备液晶显示器的电脑，还真比联想的便宜 401 元。媒体普遍认为这一天是戴尔向联想发起正面进攻的日子，从后来发生的事情看，这是有根据的。"[⊖]

戴尔的动作，当时并没有引起柳传志和杨元庆的注意。此时

⊖ 凌志军. 联想风云[M]. 北京：中信出版社，2005.

● **复盘**：对过去的事情做思维演练

的中国，联想已经是电脑市场当仁不让的老大，经过1995年开始的几次降价风暴，联想不但在中国市场站稳了脚跟，保住了民族电脑品牌，而且将IBM、AST、惠普等一干著名企业甩在了身后。戴尔，此时还没有出现在联想的视野之内。

"柳传志在2002年公司的誓师大会上说：'叫戴尔先生认识认识，什么是联想！谁叫杨元庆！'当场引起一片掌声和笑声。"⊖

这话说起来容易，也很豪气万丈，但是，接下来的两年，不是戴尔认识认识"什么是联想，谁是杨元庆"，却是联想深刻地认识到了"谁是戴尔"。

"如果说中国微机市场的2000年属于联想，那么从那之后，所有人都看到了戴尔的身影。联想的扩张主义政策分散了公司资源，与此同时，戴尔指挥一支600多人的直销队伍乘虚而入。2004年开始的时候，情形明显不妙。联想微机在中国市场尽管还占据27%的份额，排名第一，可是对照2000年的市场，公司的高级经理们发现这个比例令人担忧地下降了3个百分点。戴尔却以一种不可遏制的势头将自己的市场占有率提升到第三位，而且还在2003年第三季度的商用市场上第一次超过联想。"⊜

"2004年第一季度，商用机的市场形势依然对戴尔有利。它在

⊖ 凌志军. 联想风云[M]. 北京：中信出版社，2005。
⊜ 同上。

第 5 章 复盘的两种方法

亚太地区个人计算机市场上与联想的差距已经缩小到 3.6 个百分点（联想占据 10.9%，戴尔为 7.3%）。显而易见，这个差距还将继续缩小，因为戴尔仍在以 53%的幅度增长着，比联想高出 33 个百分点。"㊀

戴尔当时的销售模式是"直销"，联想的销售模式是"分销"。看到戴尔的强势崛起与联想的相对下滑，很多分析人士称，这是销售模式之争，戴尔的直销模式给延续了一百多年的分销模式敲响了丧钟。

但是联想的管理者并不这么看，复盘过去两三年戴尔的崛起，他们认为，直销和分销并不是问题的关键。杨元庆说："我们和戴尔的竞争实际上不在于直销还是分销。销售模式的区别只是表象，真正的竞争在于谁的流程更卓越，谁更有效率，谁能把握更多的客户群。戴尔的优势在于一些大型客户，比如那些成长型的企业，它能为它们提供一个'长顾客计划'。但是对于那些零散客户，比如家庭，优势就在我们这一边。"㊁

看清了问题的实质——比的是流程和效率；看到了各自的优劣——大客户和零散客户；更知道国情——中国人买东西习惯货比三家，"不上当"最重要，因而专卖店和代理商店的位置不可动摇。联想采取了一系列手段：① 战略收缩，从原来的国际化、多元化战略修正为专业化战略，专注于计算机，集中资

㊀ 凌志军. 联想风云[M]. 北京：中信出版社，2005。
㊁ 同上。

源；② 压缩库存周期，将库存周期从 2000 年的 15 天缩短到 2003 年的 7 天；③ 将原来全国的 7 个大区分为 18 个代理商销售区，在杨元庆和分区经理之间只有一层，组织结构更加扁平化，以增强反应速度；④ 组建电话销售部和大客户部门，电话销售部无疑吸收了戴尔直销的做法，而大客户部则是直接针对戴尔在中国市场的主要客户群。

种种做法，一方面将自己在分销的优势更加强化，另一方面也将直销的好做法吸收进来，相当于是两条腿走路。自此之后，联想与戴尔形势逆转，用柳传志的话说，戴尔从此之后在中国市场再没有超过联想，不管是增长速度还是市场份额。这也为联想后来收购 IBM 奠定了坚实基础，有了一个稳固的中国市场作为后方。

其实，不仅仅联想在复盘，戴尔经过复盘也发现，在中国市场，看得见摸得着的一手交钱一手交货方式具有深厚的国情，因此它并没有固守直销模式不放，而是将戴尔电脑摆进了越来越多的零售店，开始了分销的做法。"根据中国管理传播网 2004 年春天发表的一篇文章，'戴尔四成以上的产品是通过分销渠道到达消费者手中的。'"

联想通过对比复盘，找到的是行业成功的关键因素：流程、库存、客户偏好、组织结构优化等。通过在这些关键因素对标杆

○ 回望联想收购 IBM. 柳传志、钱颖一接受优米网王利芬专访.
㊀ 凌志军. 联想风云[M]. 北京：中信出版社，2005.

第 5 章　复盘的两种方法

对手和市场的分析，找出问题的所在，也就找到了解决问题的方法，最终赢得了市场竞争。我们也可以通过复盘，就某一件具体的事情来提炼成功的关键因素，对比发现问题，获得经验，提升能力。

我有朋友是做图书出版的，他总结一本书能不能畅销，有三个关键因素：书本身的质量；宣传推广的力度；发行铺货的程度。

发行的渠道在全国是公开的，每一家出版社，几乎都有这些渠道的信息。书出来了就能够发到渠道中去，差别只在于，有的书可以作为重点书码堆摆放，有的书只能竖着放上书架卖。但是，如果是自己认为的重点书，基本上可以要求渠道平铺销售一周左右时间。这一周是一个检验期，如果书在一周的时间内卖得好，则好的销售位置和摆放形式会得到继续，如果卖得不好，没有通过市场的检验，则书就上书架销售了。因此，准确说来，发行铺货对于图书销售有影响，但影响差别不会太大，因为渠道都是共同的，虽然有出版社品牌和与渠道关系好坏之分，但还不足以让一本畅销书卖不起来。

最近，他对一本书很好奇，这本书是讲新疆的，名字叫《新疆探秘录之独目青羊》，该书一出版，就显示出畅销的苗头，在当当网和新华书店等图书销售渠道，排名占据领先位置。他之所以对这本书这么关注，是半年前，他自己也出版了一本关于新疆的书，名字叫《西域之眼》。本来，《西域之眼》是在大家对西藏感兴趣之后，他想挖掘的一个重点品牌，因此，在操作上自己也很用心，但是不知道为什么，书卖得并不好。总的销量，还不如刚刚上市不久的《新疆探秘录之独目青羊》。

同样是新疆题材，同样讲的是探险，同样是小说，自己多卖了半年，销售情况竟然还不如外一本书，这是为什么呢？我的朋友决定搞清楚这个问题。

他将两本书的信息收集起来，进行对比研究，结论是：自己的书卖不过别人的书，可以说是从一开始就注定了。

从宣传推广来讲，自己的宣传推广力度没有别人大，自己主要是在一些网络媒体，采取常规的宣传手段，连载、发书评、登书讯等。而《新疆探秘录之独目青羊》不但有这些常规的手段，而且还在当当网等主流的图书网上书店做广告，有专门的页面介绍。媒体数量和宣传力度都比自己要大得多，这就增加了读者知道的机会。

更重要的是，图书本身信息的差别。首先，《西域之眼》的目录是条目式的，每一章下面是一条一条的短语，而《新疆探秘录之独目青羊》是介绍性的，在每一章下面都是从文中摘录的一段话，这段话要么惊险，要么神秘，能够诱惑读者去读正文。其次，《西域之眼》的开头，有点散，平铺叙述多，无法立刻抓人，而《新疆探秘录之独目青羊》开头虽然也是几十年的跨度，但是围绕的都是同一个奇特现象，能够一下子就抓住读者注意力，引导他们去探寻答案。再次，《西域之眼》的点太多，想传达的太多，因而

第 5 章 复盘的两种方法

读者注意力更分散，读起来累一些，《新疆探秘录之独目青羊》则更集中，只有一个主题，读者的注意力更聚焦。

我的朋友承认，如果是两本书摆在一起，自己分别拿起来试读，然后做出购买决策的话，相对来说，更可能购买《新疆探秘录之独目青羊》。这还是一个理性的读者比较来比较去的结果。按照图书圈大佬金丽红的说法，买书主要是前面 5 分钟，这 5 分钟没有说服读者，则书很可能就销售不出去了。在这 5 分钟里，读者主要关注的是封面、封底、目录以及随便挑选的一章。如果按照金丽红的说法，自己的书更得完败。

通过对比复盘，我的朋友提升了对图书本身的认识，后来他的图书，目录基本很少采取条目式的，一定是一段文字，用这段文字来打动读者。此外他还发现，书名也很重要，书名应该直接、形象，与读者心中已有的信息挂钩，这样可以减少沟通和说服成本。现在，他的图书平均销量比原来提高了 2 倍还多。

在复盘的关键点法则中，还有一种方法，我称之为疑问法。

疑问可谓是最好的复盘引子。比如我朋友对于两本书销量的疑问，比如联想对戴尔飙升的疑问，比如 IBM 对公司为何失去市场地位的疑问，比如我们对一次投标失败的疑问，比如工作中对老板反应的疑问，等等，都可以引起当事人的思考，也都是复盘的由头，是成长的起点。

所谓疑问法，就是对存疑的地方提出问题，然后针对这些疑问进行提问，挖出逻辑和原因，并找到做得好与坏的地方。

这就相当于是围棋选手在复盘的时候，先将棋盘中的疑问手下出来，然后围绕这些疑问手进行思考和重现，渐渐地整局棋被复盘。

在组织社会学中，学者们对这样两个现象感到奇怪：如果是看电影的时候电影院起了大火，则观众会立刻不管他人四散逃命；如果是在家里起了大火，则家族成员会相互帮助有序撤离。同样是大火，同样是危害到生命安全，同一个人在不同的环境下为什么会表现得如此不同呢？通过对这种现象的回顾，学者们提出了社会网的概念，形成了一系列分析社会现象的工具，并且为后来的研究开拓了新的空间。⊖

问题应该针对结果，针对事实，不要针对个人心理。结果可度量，很明确，因而很容易达成共识。为什么日本 20 世纪 80 年代末 90 年代初之后会经历失去的 20 年？为什么 1998 年东南亚金融危机中国毫发无损，但是 2008 年的金融危机却对中国经济带来重创？为什么中国房价在 2008 年年底下跌之后会经历 2009 年的暴涨？等等，这些都是结果，都是大家共同认可的事实。对结果的提问，指向的是对原因的探寻。对原因的探寻过程，就是对事情重新认识的过程，也是重新思考的机会，最后是能力的提升。

在提问题的时候，疑问还应该是均匀分布的。也就是说，问

⊖ 周雪光. 组织社会学十讲[M]. 北京：社会科学文献出版社，2003。

第 5 章 复盘的两种方法

题不能够集中在事件的某一个流程或者某一个时间节点内,而是应该针对所有的流程或者时间节点。不同的流程有不同的问题,每一个问题就是复盘时候的核心,通过对这个问题的答复,复盘该流程,通过对所有问题的答复,复盘整件事情。

在数学上,有一个完全覆盖的概念。它是集合中的概念,指的是在一个集合中,可以通过不同的小集合的并集,实现对大集合的完全覆盖,而且这些小集合作为大集合的子集,相互之间并没有交集。这也被称为覆盖的完备性。比如一条线段[0,5](如图 5-1 所示,它表示 0~5 之间所有点的集合,并且包含 0 和 5。如果有一边的是圆括号,则说明集合中不包含该元素),现在,我们可以找到这样一些小集合如 [0,1)、[1,2)、[2,3)、[3,4)、[4,5],它们的并集,完全等于 [0,5]。这样的小集合,我们可以找到很多。

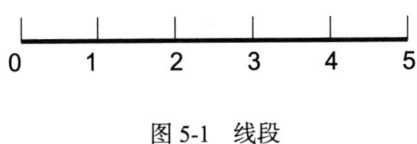

图 5-1 线段

关键点法则之所以可行,与数学上的完全覆盖的理论是一致的。我们可以将整个事件看成一个集合,然后每一个时间节点或者流程节点,都可以是小集合的节点,通过对这些流程中小集合的复盘,从而实现对事件大集合的复盘。

● **复盘**：对过去的事情做思维演练

关键点法则可以让我们跳出事件本身，不会葬身于信息的海洋，而是一开始就能够对事件有一个相对整体的把握，抓住主要问题的主要方面，也就是抓住了主要矛盾，通过这个牛鼻子去认识和解决问题，有时候可以实现事半功倍的效果。

第6章

复盘的内容

复盘的时候,需要谈论的内容,可以通过三个问题来清晰:① 现在情况如何;② 当初是怎么决定的;③ 让我们再审视下思考的前提。这三个问题,可以帮助你清楚地认识事情的方方面面。

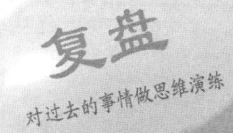

复盘
对过去的事情做思维演练

● 复盘：对过去的事情做思维演练

一次会议

"今天下午的会议，是对公司第一季度的销售工作进行分析总结。"看着会议室的同事，H公司的销售部主任肖会说道。

"大家手里拿到的材料，已经表明我们第一季度的销售情况很不理想，和去年第四季度比差很远，也与我们年初制定的目标差很远。希望通过这次复盘，找到原因，找到办法，在第二季度，甚至是后面第三、第四季度打一个翻身仗。"

看着满屋子毫无声息的同事，肖会继续说道："会议要讨论的事情，早就跟各位沟通过了，想来这几天的时间，也有了一些结论。现在，就请各位自由发言。"会议室一片安静："嗯，有没有人愿意说说，我不希望点名。我们今天主要就是讨论，说出来就行，不存在说多说少说对说错的问题。这样吧，既然没有人愿意主动说，那就从我左手边开始，轮过去。"

"我觉得销售不好，主要是我们的产品种类太少，给消费者的选择不多。看看我们的竞争对手，它们的动销品种有几十种，我们只有几种，摆在店面形不成气势。"员工A说。

"我觉得我们的产品宣传不够，不但没有媒体的高空轰炸，店面的招贴画、易拉宝这样的宣传推广资料也少，消费者不知道我们，也就不会选择我们。" 员工B说。

第6章 复盘的内容

"我觉得是设计的问题。"员工C说。

"我觉得是物流的问题，我负责的片区，总是销售完后不能及时发货，单子早就做了，不知道物流怎么回事，就是迟迟不给发货。"

"前面大家说得都很好，我也很赞同，我只提一点，我们现在出差太少，见客户的机会不多，光靠电话联系，不容易让客户相信我们。"

"出差预算太低，见个客户，连吃顿饭都得节省，更不要说给客户送点礼物增进感情了。"

……

"还有谁有什么要补充的吗？"看到大家都发表了意见，肖会询问道："大家都说了自己的看法，那么，下一步如何做销售才能上去呢？"

"我们前面不都说了吗？把大家说的问题都解决了，销量自然就上去了。"良久，有个人嘀咕了一句。

"没用的，这些平常我们也都提过，但每次提归提，最后也没什么改变。其他部门的事情，我们也没权力去管。"有人附和了一句。

"那就没什么办法了吗？"肖会跟着问了一句。

全场一片安静。

"看来大家都没什么可说的了，今天的会议就到这吧。散会。"

这样的会大家都开过很多，总结会、分析会、研讨会，名目不一而足，本来是希望通过开会找到解决办法，可开会的结果，不过是再一次让大家体会无力的感觉。

这是一次复盘吗？不完全是。

这是一次成功的复盘吗？肯定不是。因为它谈论的内容跟复盘中应有的内容关系不大，也没有得出该有的结论，更没有得到该有的认识为今后的行为提供指导。

这次复盘之所以会失败，除了因为人们为了保护自己喜欢将问题推给他人外，从技术上看，是因为它没有围绕复盘的内容进行。

当我们决定对某件事情进行复盘的时候，我们该谈论些什么呢？

一般来说，复盘的时候，我们需要谈论的内容，可以通过三个问题来清晰：

1）现在情况如何？

2）当初是怎么决定的？

3）让我们再审视下思考的前提。

现在情况如何

这个问题主要是帮助我们知晓事情的进展情况。一件事情，是达成了目标，还是只完成了部分，都有谁参加了，做了哪些事情，碰到了什么困难，等等。

这个问题要求的是纯事实呈现，只提供信息，不夹杂任何观点。目标没达到就是没达到，不要去说从一个角度讲没达到，从

第6章 复盘的内容

另一个角度讲又达到了的混乱逻辑。只能用信息来回答,这样才能以之形成确定性的基础,随后的讨论,都建立在这个基础之上。

一个团队,季度销售任务是 100 万元,但是到季度结算的时候,只完成 50 万元。那么,当我们问"现在情况如何"的时候,回答就只有"只完成 50 万元"这个信息,而不能有"虽然只完成了 50 万元,表面上看没有完成任务,但实际上锻炼了队伍,为后面完成任务奠定了坚实的基础"之类的观点性回答。

事实和观点,在我们的习惯中常常搞混。比如说这个苹果很好吃,这就是个观点,但很多人常常将之作为事实。好吃不好吃,个人的口味不同,也就有不同的标准,你所谓的好吃,对别人而言可能就是难吃。人们常说,一个人的美酒是另一个人的毒药,或者说萝卜白菜各有所爱,说的都是这个概念。这里面的事实是:这是个苹果。观点是:很好吃。它们合起来,并不是事实,而是观点。

在工作中,我们也常常犯同样的事实观点不分的错误。比如说,当有人指责我们业绩不好的时候,我们常常会争辩说:"我工作很努力,每天都加班到晚上 7 点。"加班到 7 点,这是一个事实,或者更准确地说,事实是:到 7 点才离开公司。但是,这是否就说明工作很努力呢?不一定。因为也可能是在做私人的事情,也可能只是为了显得努力而无所事事地挨到 7 点才离开公司。

事实不需要辩论,只需要挖掘。或者说,事实不会带来争论。我 7 点才离开公司,翻一下出勤记录就知道了,没有什么可争论的。但是我是否努力,则不是那么好证明的。

当在"现在情况如何"阶段发生了争议，则可能意味着，我们所说的并不是事实，而是观点。要立刻从这种争论中脱身，回答事实或者信息本身。

通过这个问题，还可以帮助我们更好地厘清自己所处的位置。因为在问这个问题的时候，也就自然涉及"当时定的目标是什么"。也就是说，我们问"现在情况如何"的时候，也要回顾做事之前制定的目标，通过将目前的情况与原来设定的目标进行对比，就可以把握事情的进展程度，判定事情是否按照我们的预期在发展。

就像我们制定了一个两小时登上山顶的目标，两小时过后，我们问"现在情况如何"，可能的回答是"我们在半山腰"，"我们离山顶还有 100 米"，"我们就在山顶上"，"我们已经从山顶下撤了"，甚至还可能发现爬的根本不是原来计划的那座山，等等。不管是哪一种回答，都暗含着与目标的关系。也就自然引出对执行的思考和对改进思路的探讨。

通过问"现在情况如何"，了解当前的信息状况，与初始的目标比对，把握自身所处的位置。这是关于信息层面的问题。当复盘运用熟练的时候，这一问可以略过，因为大家早已经在复盘之前将信息了然于胸了。

当初是怎么决定的

当我们决定做这件事而不是另外一件事情的时候，是什么支撑我们作出这种选择？当我们决定这样做而不是那样做的时候，是什么支撑我们作出这种选择？当确定做一件事情的时候，又是

第 6 章　复盘的内容

什么支撑我们设定不同的目标？

第一季度销售额达到 100 万元，两个月要学好太极，半年盈利 1000 万元，三年之内晋升到副总经理，等等，这是我们常见的设想。在这些设想的背后，我们要问的是，为什么作出这个设想？为什么设想的目标是这样？

更深层的问题，是我们要知道做事的目的，问"做事是为了什么"并且始终牢牢记住自己的目的，不跑偏。在联想的方法论中，除了复盘之外，还有"极强的目的性"这一条，它为做事和复盘提供了判断参照。

这是复盘时要问的第二个问题，它也是复盘最主要的内容。

细分起来，这个问题包含着三个方面的内容：① 事情是如何确定的；② 事情是根据什么确定的；③ 执行得如何。

很多人认为复盘就是去找出原因和方法，也正是在这个意义上，他们将复盘当做是总结反思的另一个说法，这当然是不错的。但是，复盘还有更重要的价值，那就是通过推演，找到不同的可能性，找到成功和失败的边界，获得自己的成长。自己长本事了，找到原因和方法就变成水到渠成的事情。也正是在这个意义上，复盘超越总结反思。

通过复盘，来审视"事情是如何确定的"，这是自我成长的按钮之一。它主要指向的是确定一件事情的形式，以及个体在其中的心态和表现。

下面这些，都是复盘时要关注的：

- 事情是上面摊派强压的，还是自己主动思考得出的。
- 有没有考虑其他人的情况，尤其是下属的情况。

复盘： 对过去的事情做思维演练

- 决定的时候，有没有进行过充分的讨论。
- 讨论的时候是一言堂，还是充分调动了其他人的积极性。
- 自己有没有认真听取他们的意见。
- 是思考吸取他人意见中有价值的部分，还是极力反驳其中不准确的细节。
- 心态是要将事情做好，还是为了证明自己正确。

……

通过对这些事情的复盘，可以认清自己的品性，深挖自己内心，看自己是否胸怀够坦荡，能否接纳不同意见。多次复盘审视自己之后，品性正了，胸怀宽了，就能团结更多的人，自然能做更大的事业。

毫无疑问，本篇开头案例所谓的复盘会议中，这一点根本没有涉及。

对"事情是如何确定的"复盘之后，可以接着复盘"事情是根据什么确定的"，它指向的是确定一件事情的逻辑。

为什么要学英语？是为了了解更广阔的世界，提高眼界、拓宽视野，还是仅仅因为身边的人都在学？

为什么要做全国的推广，为什么采取的是网络营销？对手都在用电视广告硬砸，我们为什么要通过微博营销这种软形式？

为什么我们认为今年的销售额会达到1000万元？这个目标是按照过去三年年平均增长率自动估算出来的？还是有更充分的论证？当时支撑这个的论据是什么，现在还存在吗？

对事情的论据进行复盘，看看当时的论据还存不存在，有没有变化，论据本身是不是合理，从而决定所做的事情是该继续坚

第 6 章　复盘的内容

持还是应改弦易辙。

如果当时的论据都还在，逻辑也依旧成立，那么要做的就是坚持，将结果交给时间，等待水到渠成的那刻即可。

如果发现论据出现了变化，或者说复盘之后发现以前的论据不合理，有新的论据出现，则自然跟着要去思考的是做法是不是要变，目标是不是要调。

TCL 并购汤姆逊之后，不但发现当初支持并购的论据并不存在（汤姆逊的欧美网络以及彩电的技术优势），而且发现了新的不利于并购的因素（解聘员工很难，做事方法与国内差别大），因此在多年亏损后，清盘了欧洲汤姆逊公司。

对论据的复盘，就是对事情本身的审查。

同样我们可以看到，本篇开头案例所谓的复盘会议中，这一点也根本没有涉及。

目标有没有达成，进展是好是坏，这都来自"做"，是执行的结果。这就牵涉到对执行本身进行复盘。

执行是复盘时候最容易被大家关注到的，比如开头的案例中，大多数人的思考都出于对执行的复盘，发货不及时，沟通不通畅，媒体宣传不够，位置摆放不佳，等等。大家自然而然地就想到执行，想到哪里做得不好。

但是对执行的复盘，有比这些更多的内容：当初是如何对执行进行规定的，执行过程是不是严格按照计划去做的，执行过程中出现了哪些意外，有什么值得注意的新情况，等等。

总之，复盘执行，不仅仅是说出做了什么或者哪里做得不够，而要看与之前的计划相比做了什么或者是哪里做得不够，如果执行都有规定，复盘中则可以很清楚地看出来，后面的解决方案也可以很清晰地提出来。

比如本章开头的案例中，有人提到是公司的产品种类太少，很可能当时公司预期的是少做几种产品，可以集中资源推。如果是这样，则要么产品种类的问题不用继续探讨，要么销售发现渠道的特点和消费者的特点，对当初的设想重新进行思考。

再比如有人提到发货不及时，如果当时公司对于发货的规定是提前一周做发货清单，那自然就要问提出这个问题的人，他的发货清单是什么时候给库房的，究竟是发货清单给库房不及时，还是确实是库房发货不及时。而如果有新的情况，则可以继续探讨发货的流程是不是要改，要怎么改。

有了关于执行的规定，则复盘就不会仅仅停留在找出原因和问题上，还可以继续深入探讨如何解决，如何落实，这才是复盘所希望达成的成果。

让我们再审视下思考的前提

在我们做事情的时候，必有一些隐含的假设作为确定性的前提，它们是思维的起点。正是在这些前提的基础上，我们建立思考的逻辑，构想计划，提出方案。没有这些假设，我们的思考和行为将无从谈起。

一旦作为思考前提的假设发生改变，则随后的一切都应该作出相应改变。西医认为得病了要治疗，他们将病症看做是身体某

第6章　复盘的内容

个部位出现问题的象征，因此通过药物去"压制"该部位，直到病症消失，这样就算是治好了。但是在《身体使用手册》的作者看来，这种治疗的方式并没有根除问题，因为那种压制只是使病症消失，真正的病因并没有解除。作者认为，病症虽然表明身体某个部位出了问题，但是也说明身体正在对抗疾病。治疗要看到后面一步，看看正在抵抗疾病的是什么器官，用药应该强化该器官的作用，然后等待它强大之后步步推进，将问题彻底排除。这就是对病症的不同理解得出的不同治疗思路。

如果说"现在情况如何"复盘的是执行的结果，而"当初是怎么决定的"复盘的是执行的逻辑，那么，"让我们再审视下思考的前提"，则复盘的是执行的基石。如果基石不对，则后面的逻辑不管多么精妙，执行多么到位，很可能都只会得出错误的结果。南辕北辙，是中国人对这种情况最熟悉的描述。用现在的语言来表述，就是"做正确的事情"比"正确地做事"更重要。

对前提的复盘，就是为了保证我们最初的理解和认识是正确的。

对前提的复盘，需要追问做事情的动机以及对事情本质的理解。

动机要纯粹，不但要"公义"，更要"正义"。

我们常常说，一个人动机不纯，是说他在做事的时候有自己的私利在里面。比如争权夺利的员工，喜欢打小报告的员工，他们在这么做的时候，就是动机不纯。他们的目的不是为了企业更好地发展，而是为自己争夺更多的利益。而且这种利益不是从市场中通过销售带来，而是通过公司政治进行内部资源瓜分获得。

上面的动机不纯，说的是他们不"公义"，因为不是出自于公心。除了"公义"外，动机更重要的是要"正义"。公义，指的是大家的利益，是人与人之间的。正义，不是我们平常理解的那种意思，而是说，要符合事情本来的内涵。比如20世纪80年代，有一些人经常在北京饭店等涉外的酒店附近转悠，希望与外国人搭上话，他们的目的不是真正与外国人建立友谊，更好地促进相互了解，而是希望通过结识外国人，再采取跟外国人结婚等手段谋求出国。这就是不"正义"。

动机不纯，不公义或不正义，最终都要受到惩罚。TCL并购汤姆逊，就是一个动机不纯遭受惩罚的典型案例。TCL并购的动机不是为了给消费者提供更好的产品，而是为了成为彩电行业的世界第一。这就违反了做企业的"正义"，因为做企业，其本来是给消费者提供产品而获得生存，越满足消费者，生存得越好，表现为利润越来越多，企业越来越强。TCL的动机不"正义"，导致后面一系列的手段出现偏差，TCL不得已在后来清盘了欧洲汤姆逊这家合资公司进行止损。

这并不是特例，更不是偶然。2012年，在中国出现了一波互联网公司做手机的热潮，但是到年底，各家公司基本上以惨淡收场，网易的手机项目部于7月解散，盛大的硬件负责人或将离职，老板周鸿祎亲自出马的360手机，市场反响一般。著名互联网人士李开复说，他们做手机"不以用户需求为使命，而为嵌入自己服务为目标"，这或许是互联网公司做不好手机的根源，因为一开

第 6 章 复盘的内容

始就"心术不正",后面的路自然就歪了。⊖

动机说的是做事的人的出发点,而对事情本质的理解,则考验的是做事人的认知能力。

很多人认为麦当劳是一家餐饮企业,但也有人研究说,麦当劳是一家表面上做餐饮,实际上靠房地产赚钱的企业;沃尔玛是一家零售公司,但很多人也认为它是一家靠物流赚钱的企业;我们认为书本是知识的载体,但是慧聪的老板郭凡生将其当做信息的载体,最终创办了慧聪这样一家网络销售平台;MP3 在中国是山寨产品,但乔布斯却将 iPod 做成了时尚产品,从而带来了苹果的第二次高速大发展,等等。像这样通过对行业或者事情本质的重新认识,进而拓展出一片新天地的还有很多。

通过复盘,不但可以帮助我们认清楚事情的本质,还可能帮助我们重新定义事情的本质,这将给我们展开新的天地。

复盘的时候,要问的就是这三个方面的内容。通过"现在情况如何"复盘执行的结果,通过"当初是怎么决定的"复盘执行的逻辑和过程,通过"让我们再审视下思考的前提"复盘执行的基石,再结合"复盘的步骤",我们可以做一个好的复盘,也可以期待得出好的方案,还可以期待获得好的成长。

关于复盘的内容,有一个简单的工具可以起到大作用,那就是清单。清单可以避免复盘过程中的遗漏,列清单的过程,就是一个对复盘事件关键点的审视和思考过程,能帮助我们更好地厘

⊖ 互联网公司做手机败象毕露。http://www.huxiu.com/article/5027/1.html。

清关键点。此外，清单还可以让讨论变得更有成就感，每完成一个关键点的讨论，就完成了一个阶段性目标。清单也能够提醒我们注意进度和控制时间。

下面是一个在复盘时候可以用的清单框架：

现在情况如何

  现在做到什么程度？

  当时定的目标是多少？

  现在的结果和目标对比处于什么状态？

  有没有当时没预计到的结果出现？

  有没有当时预计过但实际没出现的情况？

  ……

当初是怎么决定的

  当初决定的时候，是大家达成共识的吗？

  有没有听取其他人的意见？

  有没有让其他人畅所欲言？

  我们当时是如何确定执行目标的？

  支撑我们当初设置目标的依据有变化吗？

  执行过程是怎么样的？

  是不是完全按照我们的计划执行的？

  为什么××部门没有参加？

  为什么××活动没有做？

  我们做对了什么？

  我们做错了什么？

第 6 章　复盘的内容

还可以采取什么新的做法？

……

让我们再审视下思考的前提

我们对事情的理解是对的吗？

我们的动机是符合事物本身规律的吗？

我们有没有想要搞什么公司政治？

成功的关键因素是什么？

失败的根源在哪里？

……

这个清单主要是作为参考，只要是围绕着三大核心内容，只要能真正解决问题，获得成长，每个人都可以按照自己熟悉的方式组织和寻找问题，也可以按照实际的需要只去进行部分内容的复盘。

如果是对成功的事情进行复盘，探讨为什么事情做成功了，则在清单中，可以包括这样一些问题：

这件事的成功，除了大家努力外，还有什么其他因素吗？

这些外在的因素是偶然的变量，还是我们预计到的事物？

成功是因为我们的行为和观点符合事物的规律吗？

……

如果是复盘他人，则因为我们不知道他人做事之前的目标，

复盘：对过去的事情做思维演练

而且只能观察到做事的行动，这个清单会有所不同。

可以包括这样一些问题：

> 他们取得了什么成绩？
>
> 他们都采取了哪些行动？
>
> 这些行动，哪些是符合规律的？
>
> 这些行动，哪些是多余的无用功？
>
> 这些行动背后的逻辑是什么？
>
> 他们思考的逻辑起点，是符合事物发展规律的吗？
>
> 如果是我们来操作，方法上会有不同吗？
>
> 我们会比他们做得更好吗？为什么？
>
> 大家认为，可以从哪些方面突破他们目前的困境？
>
> ……

人们常说，他山之石可以攻玉。复盘他人，除了去思考他人行为的逻辑，更重要的是把自己加上去，通过自己的代入，获得他人做事所提供的经验，以及自己做时可能的解决方案，为日后的行动提供支持。

第 7 章

复盘的步骤

联想集团根据自己多年复盘的实践,总结了复盘的步骤,包括 4 步,分别是:回顾目标;评估结果;分析原因;总结规律。

在联想复盘步骤的基础上,为了更加具有参照性,我们可以将复盘分为 8 个步骤:① 回顾目标;② 结果比对;③ 叙述过程;④ 自我剖析;⑤ 众人设问;⑥ 总结规律;⑦ 案例佐证;⑧ 复盘归档。

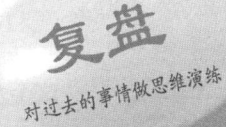

复盘的时候，必须按照一定的步骤进行。步骤是复盘的流程，可以保证复盘的进展是有序的，也能够保证每个参与复盘的人都知道如何参与，从而可以发挥自己的作用，更可能在复盘中得出有价值的认识。

联想将复盘分为 4 个步骤：回顾目标；评估结果；分析原因；总结规律。复盘的态度：开放心态，坦诚表达，实事求是，反思自我，集思广益，如图 7-1 所示。

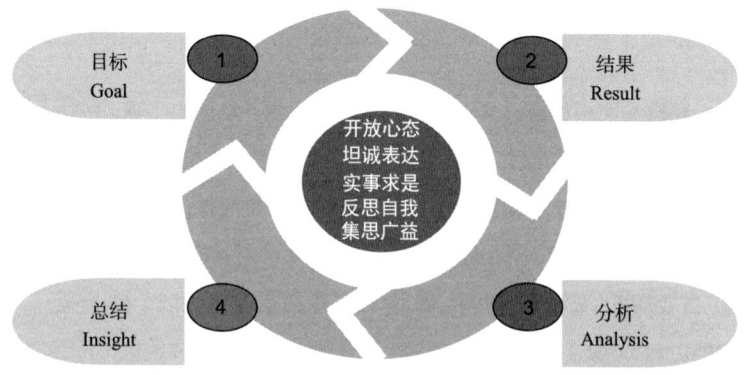

图 7-1　联想复盘 4 步骤

这个步骤划分是联想十多年复盘经验的总结，非常符合复盘逻辑。但是从实操性来看，我们还有必要对它们进行分解，以便更明确每一步骤应该做什么，每一步骤参与复盘的人都知道自己的角色是什么，要承担什么职责，发挥什么作用。我们要让复盘成为一个共同参与、职责明确、共同思考进步的工具。

在联想复盘步骤的基础上，在具体进行复盘的时候，我们可以将复盘分为 8 个步骤：① 回顾目标；② 结果比对；③ 叙述过

第 7 章　复盘的步骤

程；④ 自我剖析；⑤ 众人设问；⑥ 总结规律；⑦ 案例佐证；⑧ 复盘归档。

当然，这个是最完善的步骤。在具体复盘的时候，并不需要严格按照这个步骤进行，可以根据情况灵活应用，只要有助于得出正确的结论即可。如果真的像联想集团要求的那样"与复盘同呼吸共命运"，当复盘成为自己的习惯，程序就更加不是必然要求。

第一步：回顾目标

复盘开始的第一步，就是回顾复盘事件的目标。

目标给我们指引，让我们知道要往哪里努力。目标也是评判成功与否的标准，通过将结果与目标进行对比，我们就知道，一件事情，我们是成功还是失败。不明确目标，大家就不知道该向何处使劲。

在复盘的开始进行目标回顾，就是让参与复盘的人心里都有了一面旗帜，知道自己要讨论什么，如何评判。

目标有质和量的属性。相对于质来说，目标要更加强调量的属性，比如说，新产品要占据的市场份额，全年销售增长率，利润率达到多少等。在强调量的属性的时候，质的属性也就已经包含其中了。比如一个高三学生，他的目标是要考进大学，这是一个质的标准，如果他的目标是考进北大、清华，这是一个量的标准：全国前两位的最好大学。而这个目标的量的标准（前两位最好的大学），同时也就定义了这个目标的质的标准（大学而且是顶

● **复盘**：对过去的事情做思维演练

级大学）。

在回顾目标的时候，要确定所说的目标是自己做事时真正希望达成的目标。当一个目标被叙述的时候，要多问几个问题：这是自己当时要的吗？这是客户要的吗？这是最终的目标吗？会不会是用手段替代了目标？

能不能解读出什么是真正的目标，这是一个人职业能力高低的标准之一。比如，一家公司的老板让他的秘书去给他买张当天下午或者晚上的机票，因为第二天自己要到客户公司做培训。如果秘书将目标放在买机票上，她可能做的是咨询代理售票点是否有当天的机票，如果有就买上，如果没有，就汇报说没有。如果只是做到这个程度，这个秘书的工作肯定是不称职的。这里的真正目标不是买机票，而是准时到客户公司做培训。坐飞机去只是一种手段，一种老板顺带提及的手段。除了机票，还可以有火车、长途客车，甚至最后没办法还可以开车。一个称职秘书的做法是，要确保老板明天能够准时出现在客户公司做培训。因此，她要做的是，看哪种手段方便有效就选择哪种。比如坐飞机去可能需要当天晚上客户派人接送，这就要求跟客户公司接洽好，别弄成老板飞到对方的地方，茫然四顾无人接洽，还有住宿问题，也需要沟通。火车票则可能晚上睡一觉就到了，时间还可控和有保障。如果没有任何一种手段能够保障老板明天准时到达，就得跟老板汇报，然后提出建议，是否跟客户沟通改时间。这才是真正知道目标是什么。⊖

⊖ 姜汝祥. 请给我结果[M]. 北京：中信出版社，2009。

将手段当做目标或者是替代目标，是我们常见的错误。

回顾目标的时候，有一个简单有效的技巧可以注意加以利用，那就是将目标展示出来。所谓将目标展示出来，就是将目标一直很清晰明确地在某一个地方写出来，每一个参加复盘的人都能够看到，而且很轻易就能看到。这可以是写在白板上，也可以是投影在屏幕上。

将目标展示出来，应该要在显眼的地方展示。这样可以在复盘的过程中时时回到目标，不会中途忘记了目标，也不会偏离目标，保证复盘的方向始终是正确的。

第二步：结果比对

目标是希望达成的，结果是实际做到的，回顾完目标之后，就应该进行结果比对。将结果与目标进行对比，找到实际的结果和希望的目标之间的差别。

结果与目标的比对，有五种可能产生的情况：① 结果和目标一致，完成情况达到了所设定的目标；② 结果超越目标，完成情况比设定的目标还要好；③ 结果不如目标，完成情况比设定的目标要差；④ 结果中出现了目标中没有的项目，是在做事的过程中新添加进来的；⑤ 目标中有的项目，但是结果中却没有该项目的完成情况，结果为0。这也可以视为结果不如目标，但是这种结果与目标的差距，是根本没有行动，与那种行动了然后没有达到期望值还不一样，所以单列。

我们可以用表7-1来清晰地说明对比的思路。

● **复盘：** 对过去的事情做思维演练

表 7-1 结果与目标比对表

类　别	目　标	结　果
新增	0	
消失		0
结果=目标		
结果>目标		
结果<目标		

"新增"表示目标中没有的项目，表述为目标为 0，但是在做事的过程中，根据实际情况作出了调整，因此有了结果。"消失"表示目标中有的项目，但是在做事的过程中，根据实际情况作出了调整，没有去做该项目，表述为结果为 0。"="、">"、"<"分别表示结果和目标相同、结果好于目标和结果不如目标。

比如一个保险业务员去跟自己的客户见面，本来是想销售养老保险和大病保险。见面沟通后，客户购买了大病保险，并且为自己的子女购买了教育保险，而且大病保险的额度比原来想的高一倍。在这里，养老保险就是消失的项目，子女教育保险就是新增的项目，而大病保险，是一个超额完成的项目（见表 7-2）。

表 7-2 保险业务结果与目标对比

类　别	目　标	结　果
新增	0	子女教育保险
消失	养老保险	0
结果=目标	—	—

第 7 章 复盘的步骤

(续)

类 别	目 标	结 果
结果＞目标	大病保险	额度高一倍
结果＜目标	—	—

通过这样一个对比表格，复盘参与人员就能很直接清晰地了解初始的想法和最后的结果，一目了然地把握整个事情的"入口"和"出口"，知道哪些方面是意外情况，哪些方面是自己想要特别关注的，这样就能够预先设定自己的关注重点，从而在听叙述人叙述事件过程的时候做到"心里有数"。

结果除了与目标进行比对外，如果有可能，还应该与"行业"平均完成情况进行比对，这样不但可以知道结果在行业中的位置，也可以一定程度上验证当初的目标是否合适。如果一家公司将销售增长率目标设定为 30%，但是行业平均增长是 50%（可以假定为行业本身增长率为 50%），则即使达到了目标，也不是成功而是失败，因为连行业增长率都没有追上，相对而言，公司是在失去市场份额。

结果比对的目的不是为了发现差距，而是为了发现问题。重点不是关注差距有多大，而是要在出现差距的地方。试着去提出疑问：为什么会有这样的差距。

结果比对，也应该像"回顾目标"那样展示出来，让复盘参与人员随时随意可见。

第三步：叙述过程

回顾了目标，比对了结果，接下来要做的，不是去进行分析，而是要进行"叙述过程"这一步。如果在"结果比对"之后就进行分析，不管是自我剖析还是众人设问，都缺乏一个共享的"背景知识"。这一方面让自我剖析失去了共同思考的基础，将自我剖析变成了另一种的信息传达；另一方面也让复盘的参与人员不知道如何设问，或者问出的是没有多大价值的信息类问题。

过程叙述，目的是让所有的复盘参与人员都知道事件的过程，了解做的事情，知道细节，拥有共同的共享知识。这样，大家可以在相同的意义上讨论概念和问题。面对自我剖析得出的原因和结论，大家有可以判断的依据。在设问的时候，也可以更加深入，而不是停留在信息层面，节约时间和精力。

叙述过程的方法有情境重现法则和关键点法则（见"第5章 复盘的两种方法"）。不管采用哪一种方法，都要保证信息的客观、真实、细节、全面和完整。也就是说，叙述过程传达给复盘参与人的信息，必须尽可能和自己所掌握的信息一致，也必须尽可能和自己做事时候的过程一致。

为了实现这一目标，我们推荐"照本宣科"的方法。

"照本宣科"在很多人看来是个贬义词，如果我们说一个演讲者照本宣科，那就是在说他能力不行，只能照着本子念，不能像那些有能力的人一样，脱离文稿口若悬河。但是在复盘的时候，我们一定要忍受自己虚荣心的冲动和别人可能投来的鄙夷眼光，还是要照本宣科。因为只有这样，才能保证叙述过程中信息不出

第 7 章 复盘的步骤

错或者少出错。

照本宣科的关键,除了要照着本子说之外,还在于要有一个"本"。

"本"从何来?来自对做事过程的文字记录。在复盘之前,自己对做事的过程用文字形式进行整理,就可以形成复盘中要照本宣科的"本"。

动手即动脑,这是现在教育小孩子的理念,用在成人身上,也是不错的。用文字整理记录事件的过程,就是一个动脑重现和回忆的过程。它可以帮助我们对信息进行梳理,是对逻辑的训练;它可以帮助我们思考如何重现整个事件,是对思维的训练;它可以锻炼我们驾驭文字的能力,是对文笔的训练。通过文字来记录,我们可以很轻易地检查出,是否在整理的过程中遗漏了什么信息,是否说的都是客观的,是否有细节没有深入到,从而也就可以做到拾遗补缺,得出一份完整全面的关于事件的"本"。

很多人都有过这样的经验,说起来滔滔不绝,心中有千言万语,但是要他写下来,就突然觉得无从落笔,一个字都写不出来,不知从何说起。仅仅是写下来这么一个动作,并不要其他特别的思考,就可以让我们发现很多问题。

拿我自己构思《复盘》这本书来说,准备写而还没开始写的时候,觉得有好多有价值的东西在心中涌动,但是要落笔的时候,立刻面临着一个如何呈现的问题,按照什么样的逻辑进行章节分类,原来心中涌动的只是一个大而化之的概念,如何能够详细化并且论证这些概念,如何将概念之间的关系梳理清楚等。原来心中设想的丰富感,在落笔的时候可能才发现,这种丰富中很多可能是重复的，有很多相关的东西可能遗漏了。有的地方，自己写着写着觉得写不下去，认识不够彻底，思考不够深入，对于细节不了解等。只是写下来，只要写下来，就可以给你带来思考。

写出来，也是一次自我复盘的过程。如果复盘已经成为企业的文化，成为员工的习惯，那么文字记录就会变得轻松。只要我们都知道每件事情都可能在事后要进行复盘，就会在做事的过程中，每个阶段完成之后，立刻进行文字整理，将事件的文字整理工作化整为零。

第四步：自我剖析

自我剖析，就是自己对做过的事情进行反思和分析，看看有哪些问题，有哪些成绩，并试着去找出原因，发现规律。

自我剖析是一个自我成长的机会，它让你自己解剖自己，自己先给自己扎一针，这样后面别人给你扎针的时候，你就有了准备，也能够对比，既在心态上已经有了准备，在思路上也能够对比思考。它让你用今天的眼光和能力去审视昨天的做法，自己努力去从昨天的行为中学到对未来有用的信息。它也能让你看到今日之我与昨日之我有何成长。

自我剖析的时候，要客观，要能够对自己不留情面。

柳传志在阿里巴巴网商大会上发表的《商业沉浮，机会永存》主题演讲中说：

> 做企业要想提高谋定而后动的能力，复盘很重要，这个事做成了好好想想，这里面有哪些是偶然的基因、

第7章 复盘的步骤

偶然的原因，不然的话都以为是自己的本事，下次照样再做就有可能做不成。所以通过复盘总结经验教训，尤其是失败的事情要认真，不给自己留任何情面地把这个事想清楚，如果你和你的同事关系非常融洽，能够血淋淋地解剖自己的不足，把这个事反反复复去复盘就是能力的提高，到后来的时候就会有能力把事情想明白，然后就可以谋定而后动了。⊖

自我剖析的时候，根据"结果比对"部分的结果，进行进一步思考，以期明确在结果中，有多少是自己努力带来的，有多少是外在环境造成的。区分是自己努力还是外在环境的影响，可以通过可控性概念来进行。

自我剖析的时候，可以将事情的完成过程，按照一定的逻辑进行阶段划分。这个逻辑可以是时间节点，可以是业务流程节点，也可以是业绩节点。在划分了阶段之后，再对每个阶段的具体工作，按照可控性程度进行划分，于是，在阶段和可控性之间，就形成了一个表格。如表7-3所示。

表7-3 可控性量表

	第一阶段	第二阶段	第三阶段	…
可控				
半可控				
不可控				

⊖ 柳传志：学会对自己无情"复盘"．中国企业家网，CEO来信，2010-9-12．

所谓可控，就是事情完全可以按照自己的意愿进行，包括时间和质量。半可控，是指事情只能部分由自己掌握，可以是时间不能完全由自己确定，或者是质量无法由自己完全把握。不可控，是指事情的完成质量和完成时间，由别人确定，自己最多可以沟通、协调、联系，但是，什么时候完成，做得怎么样，完全不由自己控制。

对于不同可控程度的事情，自我剖析时候问的问题和比对标准不同：

1）可控的：是否尽量做到了最好？是否至少不低于计划的目标？

2）半可控的：是否自己可掌控的部分做好了？是否为别人完成的部分留出了空间？是否为别人完成工作提供了尽可能的帮助？

3）不可控的：是否提前跟别人沟通？有没有敦促？有没有随时了解事情进展？是否可能部分参与支持？

经过这样的自我剖析，我们可以对两个方面有基本认识：① 自己没有尽力的事情是哪些？② 不可控的事情或者不可控部分中，自己出过力的地方是什么？无法着力的是什么？

然后，可以针对这些认识进行探讨，为什么会这样，可以怎么样，进而慢慢对事件有一个贴近本质和规律的看法。得出的这些关于本质和规律的看法，就是你未来能力的组成部分。

自我剖析，是自我成长的关键步骤。自我剖析不仅仅是自己去分析事情的过程，更重要的是对自身进行审视，看自己当时的

第7章 复盘的步骤

思考和处理,是否听取了他人的意见,是否开放了心胸,从而实现"求内"。

第五步:众人设问

前面的所有步骤,还是停留在事件本身的圈子里面打转,还是当事人自己的咂摸。而众人设问,就可以让复盘突破事件本身的局限,突破个人的见识局限,因为不同的人天然就会关注不同的信息,有自己不同的角度。通过众人的智力叠加,可以得到更全面、更可靠的认识。

关于设问的内容,在"第6章 复盘的内容"中已经有论述。按照该部分提供的技术,列出问题清单,找到关键成功要素和失败的根本原因,可以更有效地推进整个过程。

关于如何设问,以及叙述人如何面对他人的问题,我们在"复盘中的三种角色"中有过详细的说明。

设问要多探索可能性,考察每一种可行性的条件,以及其边界。当这些被探讨清楚了后,问题基本上就一清二楚了。

第六步:总结规律

总结规律是复盘的最重要内容,可以说,上面所有的步骤,都是为了得出一般性的规律,形成符合真相的认识。正确的规律和认识,可以指导我们今后的工作,提升工作业绩,提高成功的可能性。

> **复盘：**对过去的事情做思维演练

但是，规律和认识并不那么容易就被总结出来，别太快做出结论。过于轻易或者过于迅速总结出来的规律，很可能是假的，不符合事物真正的本质要求。

有人曾经这样论证过蚂蚱的耳朵在腿上：第一步，将蚂蚱放在桌上，对着蚂蚱大喊一声"跳"，蚂蚱跳起来了；第二步，将蚂蚱的腿切掉，然后对着蚂蚱大喊一声"跳"，蚂蚱根本不动。于是，证明蚂蚱的耳朵在腿上。

我们都可以很轻易地看出来，这个论证过程是错误的。因为跳并不与听力有关，而是与腿有关。即使你不喊跳，蚂蚱也会跳的。这个能证明的只是蚂蚱跳的功能在腿上，而不是耳朵在腿上。

不要以为自己不会犯这样低级的错误，我们犯的错误，有时候比这还低级一些。比如很多开车的人都有过这样的经验，好像只要自己一洗车，过不了几天肯定就要下雨。于是有的人就说，自己洗车简直成天气预报了。很明显，这种想法肯定是错的，因为要真的如此，那简直就是天天得下雨了，因为每天都有很多人洗车。

不仅我们人有这种喜欢总结规律的现象，其他的生物也有，这是所有生物学习的一种方式。学者们将其称为学习—适应过程。

> "著名的心理学家斯金纳（B.F.Skinner）曾经做过一个实验，他养了一群鸽子，随机地向鸽笼里投放食物。过了一段时间，鸽笼里的鸽子们出现了各种各样的姿势。有的鸽子总是把左边的翅膀伸出来，有的鸽子只用一条腿站立，有的鸽子总爱歪着脖子。为什么呢？原来，这

第 7 章 复盘的步骤

些姿势与鸽子们的学习—适应过程有关。当外界投放食物的时候,鸽子们就在总结:我当时正在做什么就得到食物了。有的想,我上次一伸左边的翅膀的时候,食物就掉下来了。有的想,我上次单腿独立时食物就掉下来了。于是,鸽子们得出了自己的经验教训。"⊖

我们很容易就可以看到,是否能够得到食物跟鸽子是什么姿势毫无关系,食物来自外界,超越鸽子可以控制的力量,与鸽子的努力程度无关。鸽子站在自己层面所总结的"规律",根本毫无规律可言。

之所以总结规律的时候容易出现问题,是因为没有仔细区分事物之间的关系,将相关关系当做了因果关系。相关关系并不具有解释作用,只有因果关系才能够说明前后事物之间的逻辑。符合因果关系总结出来的规律,也才具有解释和指导的功能,也才具有普遍一致性和稳定性。

在此之后并非就是因此之故。这是相关关系和因果关系的本质区别。为了防止总结出来的规律是建立在相关关系而非因果关系上,一个可行的办法是问问题,找寻问题背后的问题,找出逻辑背后的逻辑,也就是柳传志在联想复盘中要求的找到根源性的问题和原因。

总结规律,主要是探究思维层面和假设层面的本质。总结规律的时候,要注意规律的边界条件。总结出来的规律,必须符合

⊖ 周雪光. 组织社会学十讲[M]. 北京:社会科学文献出版社,2003。

一些基本的规定（见"第 8 章　如何评判复盘结论是否到位"）。

第七步：案例佐证

除了从因果关系上去验证规律外，为了验证规律的可信度，还应该用其他案例进行佐证。用因果关系来验证规律，是从规律自身的逻辑出发；案例佐证，则是从规律的适用性出发。

规律既然被称为规律，就要求它具有普遍性，不能仅仅是在一件事情上得到有效性验证，还应该在其他事情上能够经受住有效性验证。

案例佐证面临着案例选择的问题。

案例应该是同行业、同类型的，不能选取跟所复盘事件无关的案例。比如说，如果复盘的是公司不畅销的产品，则可以用复盘得出的结论，去验证公司同品类的畅销产品，看看是否有可比性。比如咨询公司投标失败，则可以用复盘的结论去验证下公司投标成功的案例。当然，案例也可以是同行业内其他人的事情。比如用自己复盘的结论去验证其他公司的同类事件。

在 2011 年的图书市场上，有两本关于企业的书引起了大家的关注，一本是《海底捞你学不会》，另一本是《乔布斯传》。保守估计，《海底捞你学不会》销售量过 10 万册，而《乔布斯传》在 2011 年 10 月 24 日上市当天，预估销售量就突破 10 万册。这样的业绩，是否说明关于企业或者企业家的书要火了呢？其实不然，这股火早就烧起来了，《联想风云》的出版是此类书的一个高点，现在反倒不那么火了，很多关于企业和企业家的书，比如国美和黄光裕，

第 7 章　复盘的步骤

皇明和黄鸣，苏宁和张近东，比亚迪和王传福，华谊兄弟和王中军等，市场表现都很惨淡。那么，为什么这两本书卖得好而其他的书都很差呢？如果做一个复盘，可以发现，很多销量不高的关于企业或者企业家的书，都是写手通过组织一些资料编写的，他们本身缺少对企业的理解，书的内容也缺少企业或者企业家本人的参与和认同，得出的结论都比较流于表面，读者的参考价值不大，销量自然就差了。如果用这个标准去复盘《海底捞你学不会》和《乔布斯传》，则可以发现，前者采访了海底捞各层级的很多人，是实际调研出来的作品，后者是乔布斯唯一授权的作品，为了这本书乔布斯接受过作者 40 多次的采访。不管是《海底捞你学不会》还是《乔布斯传》，都有很多独家的信息，也有企业或者企业家本人的认识在里面，对读者的价值，自然是其他同类书不可比拟的，销售自然也不可同日而语。

这样一个简单的案例基本上就验证了一个简单的规律，图书策划要找好的作者和有独家性质的作品。我们读者在挑选书的时候，完全应该将那些编写的书放弃不顾，毕竟时间是有成本的，读一本价值不大的书机会成本不小。出版社在策划此类图书的时候，也应该尽可能找到企业或者企业家本人，进行深度接洽，以便获得更有价值的信息，做出一本更有价值的图书，赢得更大的市场。

现在总结出来的规律，要能够解释以前的案例，这是规律的包容性问题，这说明总结出来的规律越来越接近本质。比如柳传志在接受《中国经营者》采访，复盘与戴尔的竞争时总结说：

● **复盘：**对过去的事情做思维演练

"这个呢，应该讲呢，也是我们自己应该吸取教训的地方，PC 在 1992 年前后，关税已经降得很低了，所以外国已经很早就进来竞争了，但是实际上还是有很多的东西拽住了他们的胳膊和腿，稍微拽一下，其实就等于给我们帮了很大的忙。我们自己呢，并没有感到。多数都认为，我们已经和他们在一个很公平的情况下竞争。其实我们是穿着游泳裤衩游泳，人家是穿着整套军装在游泳呢，咱们占着便宜了，但当时心里头也真那么想，以为是一样的。到了这个 2000 年以后呢，这个各方面，更加平等了，在这种情况下，他们也就更加充分地发力了，可能他们这个高层就格外注意了中国的市场，也可能给他们的中国本部加了一些特殊的什么作料。在这种情况下，我们应对起来，就有困难，再加上我们自己有问题。我觉得对年轻人来说呢，容易就是自满，这个自满本身呢，我这儿说的，确实还不是指杨元庆，是指元庆下面的一些更年轻的。前几年让他们给我汇报跟戴尔的情况的时候，他们话都说得相当的满，认为就是这个情况了，他们就真的都不如我们。曾经有过这种情况，现在我回过头来跟他们找后账，就是说看来我们都要值得好好反醒自己。" ⊖

⊖ 柳传志：联想为什么？[N]. 中国经营者，2005-3-25。

柳传志的话语，说的其实是对联想与戴尔竞争复盘后的认识，它并不否定之前联想复盘1995年市场竞争的结论。

第八步：复盘归档

经受了案例佐证后的结论，应该来说具有较高的可信度，这个时候，它们就是得到认可和值得传播的观念和规律。下一步，就有必要对复盘进行归档。

归档就是对复盘的过程和结论建立档案，形成有据可查的资料。它将复盘中得出的认识，以文本的形式固化下来，而不是滞留在复盘参与人员头脑中。

归档将复盘得到的认识知识化，更加方便传播和查阅。 归档是知识管理的重要手段，它有助于保留复盘的智慧。我们常常有很多复盘，得出结论就完了，散会后也就散了，除了参加复盘的人，其他人对于复盘得出的认识了解不多。复盘得出的认识就只以隐秘知识的形态存在于复盘参与人员的头脑中。这是一种对企业和个人智力的极大浪费。

归档还可以保留最真实、最准确的信息。所谓好记性不如烂笔头，如果没有归档，事后再回想，很可能不同的人有不同的说法，记住的重点不一样，自己的理解不一样，甚至会出现相互矛盾的状况。这个时候，归档提供了最真实、最准确的记录，保证每个人从复盘中得到的是同一的信息。

归档让没有参与复盘的人也能够掌握复盘得出的规律和观念，让他们可以在自己今后的工作中进行学习和参考，少走弯路。

为了让归档的文件更好地发挥作用，在归档的目录上，应该包括复盘的时间、事件、参与人员、得出的规律等基本信息。如果进一步，还可以有一个参照领域的项目，说明对于什么事件，此文档提供的认识有参考作用。这就是一个指针，在人们不知道如何行动想从其他事件得到参考的时候，告诉他们可以参考何类文档。

归档是一件小事，却是很重要的小事。在 10 年时间里，联想已经总结出 240 多个复盘文档。⊖这些文档，是联想人智慧结晶的体现，也是联想重要的知识，对联想培训自己的员工起着重要的作用。

复盘归档的文件可按照如下格式进行，见表 7-4。

表 7-4 复盘归档文件格式

复盘事件名称	
时间	
地点	
参与人员	
事件描述	
做得好的地方	

⊖ 李舒芳. 联想有个"复盘"术[J]. 新智囊，2011(1)。

第 7 章 复盘的步骤

(续)

做得不够的地方	
停止执行的动作	
继续执行的动作	
新增的动作	
成功的关键因素	
失败的根本原因	
可参照的案例	

第 8 章

如何评判复盘结论是否到位

复盘得出的结论是否可靠,必须在复盘的当时作出判断,一般来说可以通过 4 条原则来评判:① 复盘结论的落脚点是否在偶发性的因素上;② 复盘结论是指向人还是指向事;③ 复盘结论的得出,是否有过 3 次以上的连续的 why 或者 why not 的追问;④ 是否是经过交叉验证得出的结论。

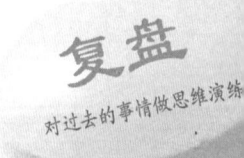

第 8 章　如何评判复盘结论是否到位

在复盘的时候，必然会遇到一个问题：复盘得出的结论，是不是就是真正的结论，有没有可能得出的结论是错误的，或者是偏离的？

这确实是一个很重要的问题，因为一旦不能确定这一点，就不知道复盘该在什么时候止步，是否要多次就同一问题进行复盘，连带着就是对复盘工作的重新评估：是否要继续往前推进，是否要继续探寻其他的可能。

复盘结论正确与否，最好的验证当然是实践。人们常说，实践是检验真理的唯一标准。如果复盘得出的是真正有价值的结论，它必然能够指导后面的实践，使得实践得出我们期待的结果，这可以称为复盘结论的有效性。但是，一旦进入到实践阶段，则说明复盘工作已经结束，它依旧不是复盘当时就能确定的。

复盘得出的结论是否可靠，必须在复盘的当时作出判断，一般来说可以通过 4 条原则来评判：

1）复盘结论的落脚点是否在偶发性的因素上？

2）复盘结论是指向人还是指向事？

3）复盘结论的得出，是否有过 3 次以上的连续的 why 或者 why not 的追问？

4）是否是经过交叉验证得出的结论？

复盘结论的落脚点是否在偶发性的因素上

我们进行复盘，是希望总结出真正的规律性的认识。这个目的就说明，**当我们将复盘的结论归结在偶发性因素上，一定是错**

> **复盘**：对过去的事情做思维演练

误的。如果复盘没有进入到逻辑层面，经受住逻辑的验证，则这样的复盘结论，一定是不可信的。

拿破仑曾经是欧洲的霸主，在战争中所向披靡，但是，滑铁卢一战，拿破仑兵败被流放，从此退出了欧洲历史舞台，只落得在小岛上孤独终老的命运。

在西方，有这样一则民谣：

> 丢失一个钉子，坏了一只蹄铁；
>
> 坏了一只蹄铁，折了一匹战马；
>
> 折了一匹战马，伤了一位骑士；
>
> 伤了一位骑士，输了一场战斗；
>
> 输了一场战斗，亡了一个帝国。

该民谣说的是，以前有个国王要出去打一场关乎国家存亡的战争。在出发前，国王让马夫给他的马换马掌，但是到后来发现马掌少钉了一个马蹄钉，但是又一时间找不到，而时间紧急，于是国王就骑着这匹少钉了一个马蹄钉的马出兵了。在拼杀冲刺的时候，因为少了一个钉子，国王所骑马的马掌就掉了，导致四肢不平衡，马摔倒在地上，国王也就从马背上摔了下来。敌人的马趁机冲刺过来踩踏杀死了这个国王。军队失去了首领，士兵一片混乱，这场战争以失败告终，这个国家也就灭亡了。

将一个帝国的灭亡，归结为一个钉子，是不是很夸张？而如果一个国王的战马都出现这种情况，其他士兵的战马还不知道会如何，这样的帝国不灭亡，简直是天理难容。

而在《西方文明的另类历史》作者理查德·扎克斯看来，滑

第8章 如何评判复盘结论是否到位

铁卢战役的失败,很可能是因为拿破仑的痔疮。理查德发现,拿破仑一生都受痔疮的困扰。在滑铁卢战役期间,拿破仑的痔疮就经常恶性发作,这使得他无法骑马外出视察军队,也无法与战地军官们商讨战争局势。

不管是钉子论还是痔疮论,我们都应该看到,他们是承载不了帝国灭亡的巨大责任的。即使它们是事实,它们也不能成为复盘的终结点。

如果是复盘这两件事情,结论应该落脚到流程上。既然是作战,必然对物料要有准备,谁准备物料,如何保障每一匹战马都装备良好,这不应该仅仅由马夫决定,而是由流程来保证。复盘如果到流程上,则接下来的自然是流程的设计和改造,从而避免下一次同类事故的发生。拿破仑的"痔疮"也一样,他的痔疮并不是一个突发性的东西,既然是早就知道,则自然应该考虑,出意外的时候,指挥权如何交接,信息如何传递等。这就自然提出了要准备预案的问题,也提出了分权的问题。如果早有预案,钉子和痔疮都只是小事故,而不会成为战败的替罪羊。

复盘结论是指向人还是指向事

复盘的结论如果是指向人,则很可能说明复盘并没有真正到位。因为复盘得出的是规律性的认识,而人则是具体的,各不相同的。指向人的结论,难以作为规律性的结论对今后的工作提供指导借鉴。

指向事,则复盘到规律的可能性更高。当然,这里的"事",

不仅仅是指某件具体的事情，而是人之外的事物。

曾经在微博上，看到一个小姑娘发牢骚："要是都像今天的司机这么慢，那我还不得天天迟到？"

将自己的迟到与司机水平挂起钩来，看起来很理直气壮。

逻辑似乎也说得通，司机水平高一点，在可过可不过的地方挤一下，在绿灯将停未停的路口冲一下，就可以不用等红绿灯了，也就可以多出几分钟了，自己也就不用迟到了。

但是，这个复盘结论自然是错误的，这就跟将迟到归结为自己楼上的人家前一天晚上闹太晚一样奇怪。有人跟老板说，自己迟到是因为前一天晚上自己楼上的一家人闹得太晚，害自己一晚上没睡着，早上起晚了，因此迟到了。老板不能怪自己迟到，要怪就怪楼上那家人没有公德心。

司机水平的高低，楼上人家晚上闹到多晚，这都是不可控不可预测的因素，将复盘结论归结到它们身上，就相当于归结为不可知上。它们并不必然导致迟到行为的发生，也就是说，即使它们出现了，也不是迟到的充分必要条件。

司机的水平确实有高低，但是，如果不是算着上班准点到公司的时间出门，则遇到速度稍微慢一点的司机也不会导致迟到。因为即使司机水平低一点，和水平强一点的比起来，运行同样距离的时间，多用的时间最多也不会超过半小时。既然如此，如果每天比平常多提前半小时出门，就可以将一切因司机水平而可能出现的迟到给消除掉。

楼上人家的吵闹已经出现了，明天上班的时间也是既定的，当面对着楼上闹得比较晚的情况，一个很自然的情况就要考虑到，

第 8 章 如何评判复盘结论是否到位

是不是可能早上会晚起,为了避免这种情况,可以多上几个闹钟,保证自己不因为睡得晚而耽搁起床。

不管是归结于司机的技术水平还是楼上人家的吵闹,这都是一种外部归因的做法。这种外部归因的做法,容易将事情变得简化,甚至是引向阴谋论的方向。在团队复盘的过程中,如果是这种外部归因,复盘结论如果仅仅指向人,很可能会破坏复盘本身的运作,因为很多人会觉得复盘是公司政治,是寻找借口,而不是寻找解决问题的方法。则在复盘的时候,很多人可能会为自身行为寻找借口,这就将目光从找到事物规律上转移了,走上了岔路。

复盘的结论不是指向人,而是从事物的本质去理解和分析。这是验证复盘结论是否可靠的标准之一。

复盘结论的得出,是否有过 3 次以上的连续的 why 或者 why not 的追问

复盘得出的结论,至少应该有过 3 次以上的连续的 why 或者 why not 的询问。如果次数不够,也很可能意味着复盘没有找出真正的原因。

人的认识是有局限的,要穿越信息的迷雾,剥离表面现象直接抓住本质,想要一次就得出结论,除非是天才,否则就只能交给上帝了。

探寻问题背后的问题,找出答案之后的答案,这就是追问的目的。

复盘：对过去的事情做思维演练

一家公司的产品销路很好，但是，商场中却常常断货。渠道负责人在回公司开会的时候，就这个问题提出了质疑：为什么会多次断货？

发货人员说："因为库房没有入库。"库房管理人员说："因为生产厂家没有做完。"负责生产的人说："最近这家工厂业务比较多，所以出货速度慢了。"

负责人问："一般来说，不是平均7天就可以出货吗？现在15天了，时间增长了一倍，还不能制造出来，也有点说不过去吧？"负责生产的人说："我们的制造费用比较低，工厂更愿意做其他家的活，我们的活只是在有空的时候才做。"

负责人问："为什么不能提高制造费用？而且，这家工厂我们一年给他的钱也不少了，我们这样的大客户，难道不能有更好的待遇？"负责生产的人说："跟他们也沟通过，但是他们说做不出来，我们也不可能自己动手做。"

负责人问："断货不是一次两次，这次说是业务多所以时间长，4月份断过一次，7月、8月连续两次断货，那时候并不是旺季，为什么也断了呢？"负责生产的人说："4月份是因为我们给资料晚了，老板没签字。7月、8月，是因为准备的材料不够，调拨材料花了时间。"

负责人问："后面还会不会断货？有什么手段和措施？"负责生产的人说："后面会不会断货，还不清楚。不过这段时间以来发生的事情，有这样一些信息，我希

第8章 如何评判复盘结论是否到位

望跟大家沟通下。第一,加货要填加货单,不能打个电话、发个短信甚至是在 QQ 上说加货就加货。时间紧,我相信填个单子的时间是有的,而且公司有现成的单子,有了单子我们好找老板签字。第二,最近通货膨胀厉害,工人的价钱也涨了,什么都在涨价,我们给的工钱是不是也应该考虑提一下,否则大多数的工厂都不会接我们的单子。第三,在明年的时候,公司是不是做个预算,看看大概有多少货要生产,这样一方面我们可以组织一些厂家进行投标,确定几家主要的生产商。另一方面,我们也可以做好材料准备,知道大约要备多少货的原材料,免得当时当刻去买,这样也可以降低成本。"老板说:"你做个方案,我们周三会议讨论一下。"

多问几次,对于复盘得出真正的结论只有好处没有坏处。

是否是经过交叉验证得出的结论

用其他的事情交叉验证复盘得出的结论,可以为复盘结论的有效性提供一定的保障。

在法律上有个共识,那就是在审案的时候,孤证不能算数,必须是证据链才能够作为法官判案的证据。只有证据链,才能够避免作假的可能,环环相扣,才能说明事实真相。

用其他的事件交叉验证,也可以有效避免复盘得出的结论只适合特殊情况的现象。

在我们的生活中,这样的事情并不少见,我们也是耳熟能详。

一个怀疑老公出轨的妻子，会在一件事情起疑的时候，回想过往的一些事情，以帮助自己判断老公是否出轨了。可能起疑的是，老公接一个电话的时候鬼鬼祟祟，或者接到一条暧昧的短信，或者是其他什么。总之，有一个迹象突然让老婆起了疑心，于是妻子经过猜想，提出了一个假设：他出轨了？但是，只有这么一个事件并不会让老婆做出确定的结论。她会查他的电话记录，回想有天老公回家晚说是陪客户这事是不是真的，某天衣服上有香水的味道，最近好像对自己越来越没有好脸色等。如果有越来越多的疑点，则可能会加重妻子的怀疑，觉得老公出轨的可能性越来越大。有的妻子，则会在随后的时间，对老公进行电话侦探或者实地跟踪。在《中国式离婚》中，对这样一个怀疑出轨的故事，演绎得让人"恐怖"。

其实我们自己，也常常用这样的办法进行交叉验证。

比如某一天，自己刚跟老板聊完事情，总觉得哪里不对劲。出来后，自己复盘整个事情，觉得老板好像不再像以前那么信任自己了。这个复盘的结论在内心一闪，大多数人都会心里暗暗一惊。真有事的，自然会想到底哪里让老板发现了问题，老板是怎么发现的。真没事的，也会想，自己到底哪里做得不对，让老板起了误解。

各自这样想，就会慢慢回想起以前的事情，不同的事件浮现脑海，渐渐地，确信了老板真的是不再信任自己了。

交叉验证，可以在一定程度上降低系统风险，保证结论更接近真实。

得出结论并不是复盘的目的，复盘是为了对今后的实践进行指导，帮助我们在后面的工作中取得更好的成绩。上面的几条标

第 8 章　如何评判复盘结论是否到位

准，只是让复盘的结论更加可靠，但并不能确保复盘的结论可靠，我们还应该在今后的实践中进行应用，根据应用的情况不断修正提高，最终获得真知。

第 9 章

柳传志环：做事的 PDF 方法

做事的"沙盘推演——执行——复盘"的流程称为柳传志环。

柳传志环可以简称为 PDF 环。P 代表 Preview，指沙盘。D 代表 Do，指做的过程。F 代表 FuPan，指复盘。

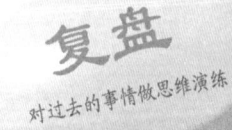

第 9 章　柳传志环：做事的 PDF 方法

　　了解了复盘，于是我们发现，要真正做好一件事情，除了做事过程的具体执行之外，还应该有执行之后的复盘这一动作。如果我们将视野再放宽一些，在执行之前，做一个沙盘推演。那么，我们就得到了一个做事之前、之中、之后全新的行动和思考框架。

　　执行之前，进行沙盘推演，执行之后，进行复盘。沙盘推演——执行——复盘，这就是每个人应该掌握的正确的做事方法。

　　我将做事的"沙盘推演——执行——复盘"的流程称为 PDF 环：P 代表 Preview，指沙盘；D 代表 Do，指做的过程；F 代表 FuPan，指复盘。

　　它相当于让人三次做同一件事情：沙盘推演让他有预案，执行让他实际经历，复盘让他事后重来。通过这样一种方法，他可以对一件事情揉开了、掰碎了进行分析，经过充分咀嚼后，可以从一件事情中获得尽可能多的经验、真相和规律。整件事情无论从细节还是大局以及发展变化等，在做事的人眼中都纤毫毕现，甚至是完全按照做事的人的设想进行，就像是上帝按照自己的意愿行事一般。

　　沙盘推演本是一个军事术语，是指通过在沙盘上模拟红、蓝两军在战场上的对抗与较量，明晰各自的优势与劣势，发现双方在战略战术上存在的问题，寻找应对各种可能情况的思路与出路，最终找到胜利的方法和路径，并进而提高指挥官的作战指挥能力。

　　沙盘推演现在已经超越了军事上两军对垒的概念，而是指在事情开始之前，先进行推演，以便看看事情可能如何发展，明白计划如何推进，可能的阻力是什么，资源的准备是否足够，应该做哪些方面的准备，达成目标的关节点是什么等。

读过唐浩明《曾国藩》的人都不陌生。在有重大事情来临的时候，曾国藩都会离开其他人，上到阁楼里，点上一炷香，然后一个人安静地思索，在头脑中思考事情各种可能的情况，厘清各种情况可能的发展路径，并作出比较和甄别，探寻出事情背后的逻辑和原因，最终确定自己的应对之策。正是通过这种方法，曾国藩多次成功地化险为夷。

总之，沙盘推演就是让你可以在做事情之前，在思维上先模拟做一遍，让你做事情的时候减少陌生感，增加熟悉感，头脑中始终有沙盘推演给你的全局感，从而做到心中有数。

执行，常常是人们关注的重点，不管是考核还是审查，人们都将注意力放在执行上面，几年前"执行"、"执行力"、"细节决定成败"等概念的火暴，就一定程度上反映了人们对执行状况的不满意。关注执行当然有它的道理，因为执行不到位，其他的一切构想，不管多么完美，都可能变成风中之烛，烟消云散。

但是，功夫在诗外。一件事情完成得好与坏，不能仅仅盯住执行本身，还需要关注执行前后的阶段。因为要做好执行，关键是要执行的人们具备强大的能力，而这，是不能仅仅靠在执行过程中解决的。

复盘，则是与沙盘相反的另外一个方向。**你已经有了沙盘推演，已经具体执行过了，前面两次做事的机会已经用完了。这个时候，再回去看看整件事情，看看自己的执行过程，看看执行过程与沙盘推演的差别。通过发问，发现问题，找出原因，得到答案。通过第三次"做事"，达成最后的完满。**

在海湾战争之后，应美国军方一些分析师的要求，参加过"东

第 9 章　柳传志环：做事的 PDF 方法

距 73 战役"的麦克·马特斯又被召回到了这片不毛之地。五角大楼要求所有军官趁着美国尚能控制这块地盘并且对于战斗的记忆仍未消退时，重新回到"东距 73 战役"的战场上。军方准备重建起整个战役的三维仿真实现，以便未来军校的任何学员都可以进入并从头经历那场战斗。他们称它为"一本活的历史书""一个战争的拟像"。"在伊拉克的这片土地上，真正的士兵们粗略地勾勒出这场已经过去了一个月的战役。他们尽最大努力回忆当天的激烈战况，按照所能想起的内容来重复自己的行动。有些士兵还提供了日记来帮助重建当时的行动。甚至有几个人还拿出了自己在混乱中拍摄的录像。""士兵们在被阳光晒干的场地上来回走着，热烈地争论到底是谁打中了谁。激光和雷达测绘出了该地的数字地形图。当五角大楼的人离去的时候，他们已经掌握了所有需要的信息，足以重建这场史上资料最丰富的战役。"⊖

这就是对"东距 73 战役"的复盘。

但这并没有完，在建立了对于"东距 73 战役"的仿真拟像之后，"下一步会是这样：未来军校学员们可以通过再仿真系统中设置假设条件，来与伊拉克的共和国卫队进行较量。如果伊拉克人有红外夜视装备怎么办？如果他们的导弹射程是现在的一倍，又该怎样？如果他们一开始没有爬出坦克呢？你还能赢吗？"㊁

从这里可以看到，复盘其实并不仅仅是对做过的事情重新做一遍，而是可以发现很多新的思路，得出很多新的假设，这对于

⊖ 凯文·凯利. 失控[M]. 东西文库，译. 北京：新星出版社，2010。
㊁ 同上。

做其他的事情，也具有极大的帮助。

PDCA，这是管理学上著名的戴明环，是由美国管理学家戴明提出来的一种质量管理工具。它被认为是全面质量管理所应该遵守的程序，也叫质量环。P 代表 Plan，计划，包括方针和目标的确定以及活动计划的制定。D 代表 Do，执行，指具体的运作，实现计划所确定的内容。C 代表 Check，检查，指对执行的情况进行总结评判，看看执行情况如何，什么地方做对了，哪里出了问题。A 代表 Action，改善，指的是对检查过程中所发现的问题进行处理，对于成功的经验进行总结。如果可能，对于成功的经验和失败的教训，应该通过模式化或者标准化予以推广。

而这一轮 PDCA 循环没有解决的问题，就进入下一个 PDCA 循环。这样一环一环，环环相扣地进行下去，实现最终的目标。

粗看起来，PDF 与 PDCA 差别不大，都是为了把事情做好。但实质上，两者差别巨大。PDCA 是做好一件事情的不同环节，是同一个过程的不同阶段。而 PDF，则相当于是一件事情做了三次，是分三次对同一件事情进行了推演。

我们以前过于关注做事的具体过程，认为做完就完事了，但是真正将一件事情做完，还需要有做完之后的复盘这一动作。

沙盘推演——执行——复盘，这是做事的一个完整过程。一件事情只有经过复盘之后，才算是最后完成。然后进入下一件事情，在下一个事件中进行同样的"沙盘推演——执行——复盘"的动作。这样的工作方法，会让能力越来越高，而沙盘推演的水平也会越来越高，甚至到最后，执行的步骤可以与沙盘推演中预想的步骤

第9章 柳传志环：做事的 PDF 方法

一致，这就是一种计划着的瞄准打击了。[1]

PDF 方法也可以称为柳传志环。之所以这么定义，是因为复盘是由柳传志引入到做事的过程之中的。

---

[1] 孙陶然的相关微博。

附录 |

联想复盘方法论

复盘的由来

- "复盘"是中国围棋的一个术语
- 2001年柳总第一次在联想提出"复盘"
- 2011年将"复盘"方法论向联想全球推出

附录 联想复盘方法论

目录

- 什么是复盘？
- 为什么复盘？
- 怎样做复盘？

什么是复盘？

- 复盘是联想文化的重要组成部分
- 复盘是实践联想之道的重要方法论
- 复盘是行动后的深刻反思和经验总结
- 复盘是一个不断学习、总结、反思、提炼和持续提高的过程

复盘：是文化、是行动学习、是提升组织智慧的手段

● **复盘：** 对过去的事情做思维演练

为什么复盘？

- 为了知其然与知其所以然
- 为了同样的错误不要再犯
- 为了传承经验和提升能力
- 为了总结规律和固化流程

复盘是为了把失败转化为财富，把成功转化为能力

怎么做复盘？

复盘指导原则 ——

THE LENOVO WAY 联想之道

We **PLAN** before we pledge.
想清楚再承诺。

We **PERFORM** as we promise.
承诺就要兑现。

We **PRIORITIZE** company first.
公司利益至上。

We **PRACTICE** improving every day.
每一年每一天我们都在进步。

PLAN PERFORM PRIORITIZE PRACTICE

附录　联想复盘方法论

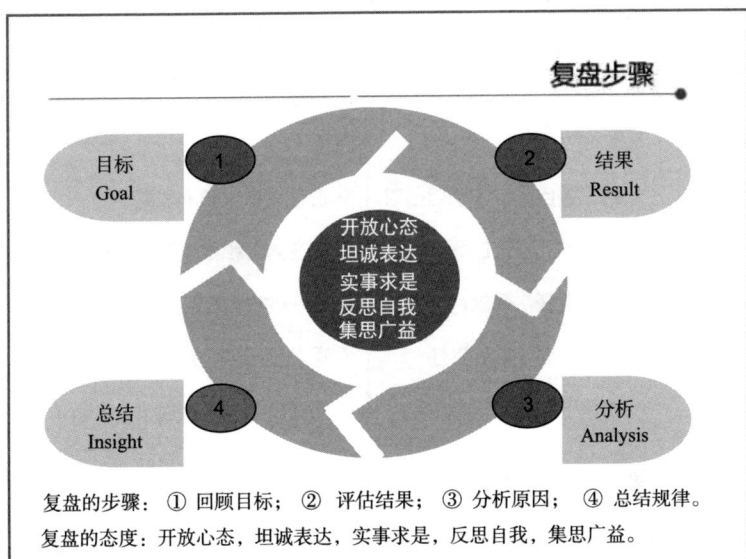

复盘的步骤：① 回顾目标； ② 评估结果； ③ 分析原因； ④ 总结规律。
复盘的态度：开放心态，坦诚表达，实事求是，反思自我，集思广益。

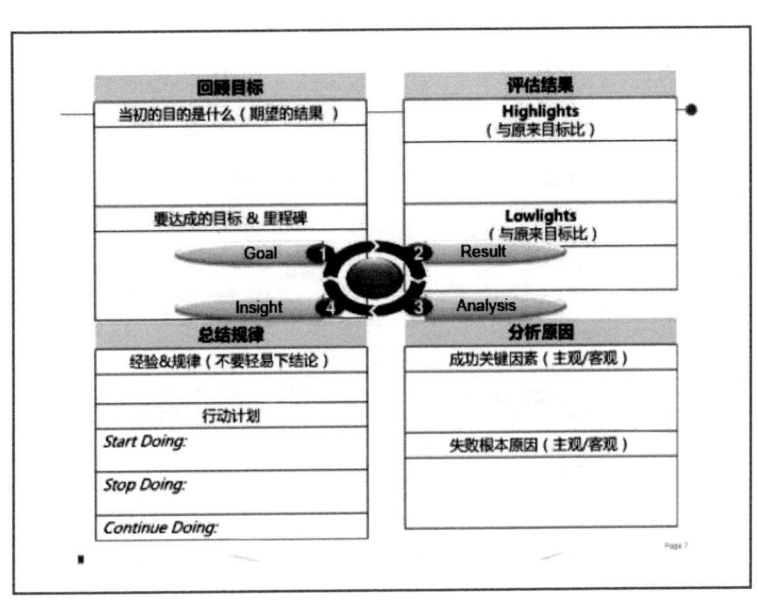

● **复盘：** 对过去的事情做思维演练

复盘误区与"5求"

不是——
- 自己骗自己，证明自己对
- 流于形式，走过场
- 追究责任，开批判会
- 强调客观，推卸责任
- 简单下结论，刻舟求剑

而是——
- 重在实事求是（**求真**）
- 重在内容和找原因（**求实**）
- 重在改进和提高（**求学**）
- 重在反思和自我剖析（**求内**）
- 重在找到本质和规律（**求道**）

复盘如何落地

工作要求

- 小事及时复盘：
  - 行动结束后进行及时复盘
  - 制定改进方案并落实
- 大事阶段性复盘：
  - 大的项目在执行中，要进行阶段性复盘（半个月或一个月）
  - 对目标或策略进行及时调整
- 事后全面复盘：
  - 大的项目或战略结束后，要进行总复盘
  - 总结经验教训，找到规律性

人员要求

- 领导者：*以身作则*
  - 带头做复盘
  - 给下级传承
- 管理者：*承上启下*
  - 先学会工具和方法
  - 带领团队实践并运用
- 普通员工：*实际运用*
  - 学会方法和工具
  - 在实践中应用并养成习惯

附录　联想复盘方法论

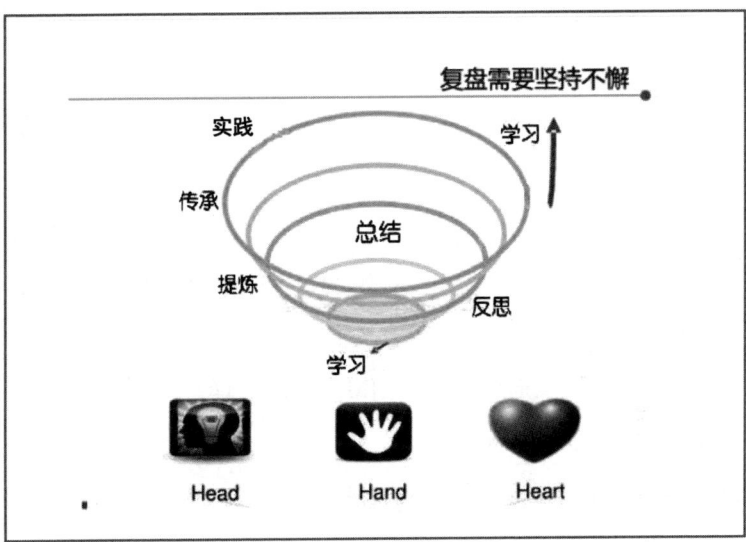

复盘是一种工作方式
复盘是一种学习方式

企业在复盘中提升！
员工在复盘中成长！

真正实现将个人追求融入到企业的长远发展之中！

参考文献

[1] 奇普·希思，丹·希思. 粘住[M]. 雷静，译. 北京：中信出版社，2010.

[2] 罗伯特·西奥迪尼. 影响力[M]. 陈叙，译. 北京：中国人民大学出版社，2006.

[3] 卡莉·菲奥莉娜. 勇敢抉择[M]. 蒋旭峰，译. 北京：中信出版社，2007.

[4] 孙陶然. 创业36条军规[M]. 北京：中信出版社，2012.

[5] 英格里德·本斯. 引导：团队群策群力的实践指南[M]. 任伟，译. 北京：电子工业出版社，2011.

[6] 马尔科姆·格拉德威尔. 引爆点[M]. 钱清，覃爱冬，译. 北京：中信出版社，2006.

[7] 姜振宇. 微反应[M]. 南京：凤凰出版社，2011.

[8] 凌志军. 联想风云[M]. 北京：中信出版社，2005.

[9] 周雪光. 组织社会学十讲[M]. 北京：社会科学文献出版社，2003.

[10] 姜汝祥. 请给我结果[M]. 北京：中信出版社，2009.

[11] 凯文·凯利. 失控[M]. 东西文库，译. 北京：新星出版社，2010.

[12] 唐浩明. 曾国藩[M]. 沈阳：春风文艺出版社，2009.

[13] 陈中. 老板是怎么想的[M]. 南京：凤凰出版社，2010.

[14] 张小平. 再联想[M]. 北京：机械工业出版社，2011.

[15] 陈祖德. 超越自我[M]. 北京：中华书局，2009.

[16] 约翰·米勒. QBQ！问题背后的问题[M]. 何训，贾淼磊，译. 北京：电子工业出版社，2011.

[17] 基思·法拉奇，塔尔·雷兹. 别独自用餐[M]. 施宇光，阎军生，译. 北京：世界知识出版社，2010.

[18] 阿图·葛文德. 清单革命[M]. 王佳艺，译. 杭州：浙江人民出版社，2012.

[19] 汤圣平. 走出华为[M]. 北京：中国社会科学出版社，2004.

[20] 惠双民. 社会秩序的经济分析[M]. 北京：北京大学出版社，2010.

[21] 沃尔特·艾萨克森. 乔布斯传[M]. 管延圻，等译. 北京：中信出版社，2011.

[22] 谢德荪. 源创新：转型期的中国企业创新之道[M]. 北京：五洲传播出版社，2012.

[23] 邓继林. 要重视"复盘"[N]. 解放军报，2003-9-18(2).

[24] 吴晓燕. TCL 国际化：李东生出海惊魂[N]. 中国经营报，2010-1-28.

[25] 李少林. 李东生：TCL 并购汤姆逊时有一样东西没看准[N]. 中国证券报，2012-2-2.

[26] 许月良，刘毅. 如何对数学课堂教学进行有效"复盘"——以人教版《以同底数幂的乘法》教学为例[J]. 当代教育论坛：教学版，2011(4).

[27] 翟文婷. 柳传志: 我们需要哪种创业企业家[J]. 创业邦, 2011-6-7.

[28] 李舒芳. 联想有个"复盘"术[J]. 新智囊, 2011-1-13.

[29] 但汉松, 俞力莎. 网络公开课引发开放教育与学习革命[J]. 三联生活周刊, 2011-10-11.

[30] 但汉松. 大学公开课的性感与骨感[J]. 三联生活周刊, 2011-10-11.

[31] 徐琳玲. "刀锋"许小年[J]. 南方人物周刊, 2011-10-21.

[32] 李学梅. 收获挑战复盘——柳传志诠释联想成功奥秘. 新华网, 2010-11.

[33] 芮必峰. 人类理解与人际传播——从"情境定义"看托马斯的传播思想[J]. 新闻传播研究, 1997(2).

[34] 方可成. 最具勇气的决议是怎么炼成的. 长城网, 2011-10.

[35] 回望联想收购IBM, 柳传志、钱颖一接受优米网王利芬专访.

[36] 柳传志: 学会对自己无情"复盘". 中国企业家网, CEO来信, 2010-9-12.

[37] 柳传志: 联想为什么? [N]. 中国经营者, 2005-3-25.

机工经管读者俱乐部反馈卡

完整填写本反馈卡将可以参加幸运抽奖

每月我们将会抽出 10 位幸运读者，免费赠送当月新书一本

加入俱乐部，将会收到我们定期发送的新书信息

获奖名单将公布在 http://www.Golden-book.com 及
http://www.cmpbook.com 上

个人资料

姓名：_____　　性别：□男　□女　年龄：_____

E-mail：_____　　联系电话：_____

传真：_____　　手机：_____

就职单位及部门：_____　　职务：_____

通讯地址：_____　　邮政编码：_____

单位情况

单位类型：

　　□国有企业　　　　□私营企业　　　　□政府机构　　　　□股份制企业

　　□外资企业（含合资）　　　　□集体所有制企业

　　□其他（请写出）_____

单位所属行业：

　　□食品/饮料/酿酒　　　□批发/零售/餐饮　　　□旅游/娱乐/饭店

　　□政府机构　　　　　　□制造业　　　　　　　□公用事业

　　□金融/证券/保险　　　□农业　　　　　　　　□多元化企业

　　□信息/互联网服务　　　□房地产/建筑业　　　□咨询业

　　□电子/通讯/邮电　　　□其他（请写出）_____

单位规模：

　　□500 人以下　　　□500—1000 人　　　□1000—2000 人　　　□2000 人以上

关于书籍

1. 您购买的图书书名：_____ ISBN：_____
2. 您是通过何种渠道了解到本书的？
   □报刊杂志　□电视台电台　□书店　□别人推荐　□其他_____
3. 您对本书的评价

内容	□好	□一般	□较差
编排	□易于阅读	□一般	□不好阅读
封面	□好	□一般	□较差

4. 您在何处购买的本书
   □书店　□网络　□机场　□超市　□其他_____
5. 您所关注的图书领域是：
   □投资理财　□人力资源　□销售/营销　□财务会计
   □管理学与实务　□其他_____
6. 您愿意以何种方式获得我们相关图书的信息？
   □电子邮件　□传真　□书目　□试读本
7. 如果您希望我们发送新书信息给您公司的负责人，请注明所推荐人的：
   姓名_____　职务_____　电话_____
   地址_____　邮件_____

感谢合作！请确认我们的联系方式
联系人：董琛
地址：北京市西城区百万庄大街 22 号机械工业出版社经管分社
邮编：100037
电话：010-88379081
传真：010-68311604
电子邮箱：cmpdong@163.com
登记表电子版下载请登录：
http://www.golden-book.com/clubcard.asp 或 http://www.golden-book.com
敬请惠赐名片，谢谢！